本专著为2018年度国家社科基金项目

"习近平生态文明思想的新贡献研究"（项目编号：18BKS055）

的最终研究成果。

# 中国新时代

# 生态文明理论

## 与实践研究

颜玲⊙著

江西人民出版社
Jiangxi People's Publishing House
全国百佳出版社

**图书在版编目（CIP）数据**

中国新时代生态文明理论与实践研究/颜玲著.

南昌：江西人民出版社，2024.12. -- ISBN 978-7-210-16084-7

   Ⅰ．X321.2

中国国家版本馆 CIP 数据核字第 2025NZ8525 号

中国新时代生态文明理论与实践研究       颜玲  著
ZHONGGUO XIN SHIDAI SHENGTAI WENMING LILUN YU SHIJIAN YANJIU

责 任 编 辑：李旭萍
封 面 设 计：同异文化传媒

 出版发行

地　　　址：江西省南昌市三经路 47 号附 1 号（邮编：330006）
网　　　址：www.jxpph.com
电 子 信 箱：jxpph@tom.com
编辑部电话：0791-86898612
发行部电话：0791-86898815
承 印 厂：江西新华印刷发展集团有限公司
经　　　销：各地新华书店

开　　　本：787 毫米 × 1092 毫米　1/16
印　　　张：13
字　　　数：180 千字
版　　　次：2024 年 12 月第 1 版
印　　　次：2024 年 12 月第 1 次印刷
书　　　号：ISBN 978-7-210-16084-7
定　　　价：60.00 元
赣版权登字 -01-2025-210

# 序　言

　　2021 年 7 月，习近平总书记在庆祝中国共产党成立 100 周年大会重要讲话中首次明确提出了"人类文明新形态"，他指出："我们坚持和发展中国特色社会主义，推动物质文明、政治文明、精神文明、社会文明、生态文明协调发展，创造了中国式现代化新道路,创造了人类文明新形态。"① 生态文明作为人类文明新形态的重要组成部分被提出来。党的二十大报告进一步阐述了中国式现代化的独有特色，强调"中国式现代化是人与自然和谐共生的现代化"②,并指出新时代建设生态文明、推动绿色发展，进而促进人与自然和谐共生的四个主要方面。生态文明是人类文明新形态的重要组成部分，"建设生态文明是中华民族永续发展的千年大计"③。

　　进入新时代，面对国际国内不断变化的新形势，出现的新情况、新问题，以习近平同志为核心的党中央把生态文明建设摆在治国理政的重要位置，谋划开展了一系列具有根本性、长远性、开创性的工作，提出了一系列新思想、新要求、新论断，并结合中国实际情况制定了新的战略规划，推动了新时代中国特色社会主义生态文明建设的新发展，形成了习近平生态文明思想。习近平生态文明思想有着极其丰富的内涵和鲜明的中国特色社会主义实践特征，具有时

---

① 《习近平谈治国理政》(第四卷)，外文出版社，2022，第 10 页。
② 习近平:《高举中国特色社会主义伟大旗帜　为全面建设社会主义现代化国家而团结奋斗——在中国共产党第二十次全国代表大会上的报告》，人民出版社，2022，第 23 页。
③ 《中国共产党第十九次全国代表大会文件汇编》，人民出版社，2017，第 19 页。

代性、科学性和实践性，是习近平新时代中国特色社会主义思想中最富有马克思主义理论原创性的成果之一，是新时代我党推进和加强生态文明建设的思想引领与行动指南。

党的十八大以来，中国新时代生态文明理论在实践中不断丰富和发展，以马克思主义生态思想为理论基础，以新中国成立以来党的中央领导集体关于生态文明建设的重要论述为直接理论来源，并对中国古代生态思想进行了合理借鉴与扬弃。首先，继承了马克思关于人与自然辩证关系的思想，结合当前发展实际，深刻论证了人与自然的辩证关系，并对自然在人的生存与发展中的价值进行了重新定位和阐释，是对人与自然关系全面、科学的诠释。它将自然界从生产元素的组成部分提升为生产力的价值存在，由被动地位转变成主动地位，并且成为人类生产生活服务的本质存在。同时，它还体现了生态环境的人文价值，指出了人类社会生态危机的根源是社会制度的缺陷，提示人类应当从制度上解决生态危机。其次，对党的十八大以来的中国特色社会主义生态文明建设进行了总结，是对毛泽东思想、邓小平理论、"三个代表"重要思想和科学发展观的继承与发展。最后，借鉴了中国古代生态思想，对中国古代文明思想中蕴含的文化因素和伦理思想中的生态爱护观、生态实践观、生态节约观进行科学汲取。

党的十八大以来，中国新时代生态文明理论在内容上有了进一步拓展，丰富了内涵，集中体现为"十个坚持"，深刻回答了"为什么建设生态文明""建设什么样的生态文明""怎样建设生态文明"等重大理论和实践问题，是马克思主义中国化的典范之一。首先，把生态文明提升到生命共同体的高度，从生态的生命价值观角度审视，提升了自然生态的价值地位，指出人与自然界是一个相互共生的系统。其次，拓展了生态生产力观，从社会发展动力的视角强调生态文明的推动作用，从生态生产力的概念、科学内涵、内生规律、实践要求等方面阐述生态生产力观。再次，提出了生态民生观，从人民幸福观的视角阐述了生态文明的基本动力和根本目的。自然生态的可持续发展与人类社会的生存发展相互依存，人的主观能动性的发挥以尊重自然规律为前提。最后，提出了生态法治观，从规范化、制度化的视角加强生态文明的建设保障，提出法治是生态文明建设的根本保障，法律是生态文明建设的底线，依法建设生态文明是基本要求。

2023 年 7 月，习近平总书记在全国生态环境保护大会上的重要讲话中明确提出新时代我国生态文明建设要实现"四个重大转变"，新征程继续推进生态文明建设需要处理好"五个重大关系"。党的十八大以来，中国新时代生态文明理论不断发展，确立了一系列体现时代要求的实践遵循。首先，制定了新目标，即全面推进美丽中国建设。自然资源得到合理利用，环境污染得到有效治理，生态文明建设持续推进，逐步构建全面发展的环境友好型社会，实现生产、生活、生态"三生共赢"。其次，规划了新战略，将生态文明建设纳入"五位一体"总体布局。生态文明建设在"五大建设"中居重要地位，是经济、政治、文化和社会建设的前提和基础，是社会主义现代化建设的基础，是我国经济社会实现绿色循环低碳发展的迫切需要，是全面建设社会主义现代化国家的必然要求，是对人民群众日益增长的环境保护需求的积极回应，是向世界彰显中国负责任形象的战略之举。再次，提出了新策略，全面谋划发展方式与绿色低碳转型路径。遵循五大发展理念是生态文明建设的主基调，绿色循环低碳发展是生态文明建设的主旋律，绿色生活是生态文明建设的主音符。最后，提出了新举措，完善了制度建设，建立了最严格制度、最严密法律、最科学政策体系。生态文明建设更加系统全面。

党的十八大以来，中国新时代生态文明理论的发展体现了新时代中国特色社会主义现代化建设视域下生态文明思想新的理论价值。一是揭示了生态文明的政治价值，体现了生态文明与生产力的辩证关系。生态文明建设以保护资源、环境为基础，协调人与人之间的社会关系，改善生产关系。这实质上是一场涉及生产方式、生活方式、消费方式和价值理念的彻底变革，生态文明是继工业文明之后更为先进的文明形态。二是揭示了生态文明的社会价值，深刻阐述了生态文明与公平正义的辩证关系。生态文明本身就是公平正义的具体表现，而生态文明又体现了代内、代际和种际的公平正义。生态文明建设的价值追求从单一性转向多元化，从主体性转向公共性，从工具性转向目的性。从环保现状看，部分不正义现象影响了广大人民群众参与环境保护的积极性；从自然资源的特点看，生态环境是社会发展不可或缺的，一旦被破坏就很难修复，因此建立配套的充分体现公正公平公开的制度显得尤为重要；从西方发达国家环境保护和治理的经验看，其保护与治理过程基本上是逐步践行环境正义的过程；从现有环境制度的制定路径看，要加快构建公平、公正的环境利益分配和保障机制。三是从人类文明发展的角度揭示了生态与文明兴衰的辩证关系，深刻阐述了生态文明的历史价值。生态环境在人类文明发展进程中不仅影响社会生活，而且影响政体，甚至影响世界历史的发展，是人类社会产生和发展的前提，"生态兴则文明兴，生态衰则文明衰"。生态环境还会对物质产品的供给产生影响。不同的生态环境下，人们的饮食习惯、地区的文化发展状况等都存在差异。良好的生态环境能极大程度地满足人们对优美生态环境的需求，而极端恶劣的生态环境则会导致文明的消亡。人类文明的创造是建立在生态环境之上的。只有理性地对待生态环境，人类文明方能实现可持续发展。与此同时，坚持推动构建人类命运共同体，体现了习近平生态文明思想的世界价值，不仅为全球生态治理和环境保护树立了中国榜样，也为共同推进世界生态文明建设贡献了中国智慧和中国方案。

# 目 录

## 第一章 导 论

## 第二章 中国新时代生态文明理论形成的时代背景和发展过程

# 第三章　中国新时代生态文明理论的理论来源

# 第四章　中国新时代生态文明理论的丰富内涵

# 第五章　中国新时代生态文明理论的实践遵循

# 第六章　中国新时代生态文明理论的重大贡献与世界影响

# |第一章| 导　论

　　党的十八大提出"五位一体"总体布局，从政治、经济、文化、社会、生态文明等方面全面谋划中国特色社会主义事业，并把生态文明建设放到突出位置，强调要实现可持续、科学发展，加快转变经济发展方式。建设生态文明，关系人民福祉，关乎民族未来。党的十八大以来，在以习近平同志为核心的党中央坚强领导下，我们国家的生态环境保护和生态文明建设取得了历史性突破。

　　习近平总书记在党的十九大报告中指出，"加快生态文明体制改革，建设美丽中国"①，进一步把生态文明建设提升到千年大计的战略高度。党的十九大之所以将污染防治攻坚战列为决胜全面建成小康社会的三大攻坚战之一，正是出于提高生态环境质量的考虑。紧接着，2017年12月召开的中央经济工作会议就此作了部署，提出了新的要求。2018年3月，李克强在十三届全国人大一次会议的政府工作报告中特别强调推进污染防治取得更大成效。十三届全国人大一次会议审议通过了组建生态环境部、不再保留环境保护部的改革方案。名字的变化意味着我国生态环境保护的升级。生态文明建设是回应人民群众对美好生态环境期盼的重要举措，是坚持走新时代中国特色社会主义道路的必然要求，是加强党的长期执政能力建设的重要保障，是社会主义制度完善和发展的必然结果，还是实现"两个一百年"奋斗目标、建成中国特色社会主义现代化强国、实现中华民族伟大复兴的中国梦的价值旨归。

———————

① 《中国共产党第十九次全国代表大会文件汇编》，人民出版社，2017，第40页。

"小康全面不全面，生态环境质量很关键。"① 到 2020 年全面建成小康社会，是我党向人民群众作出的庄严承诺。在全面建成小康社会的进程中，生态环境保护和改善无疑是有待强化的工作重点。

2022 年，习近平总书记在党的二十大报告中指出，"推动绿色发展，促进人与自然和谐共生"②，并就新时代美丽中国建设提出了四个方面的要求。"提升生态系统多样性、稳定性、持续性""积极稳妥推进碳达峰碳中和"③ 被写入二十大报告。新时代中国特色社会主义生态文明建设要求与践行标准逐步升级。

## 第一节　研究缘起和意义

### 一、选题背景

本书主要内容为中国新时代生态文明理论与实践，以马克思主义经典理论和习近平新时代中国特色社会主义思想为指导，以党的十八大以来的中国特色社会主义生态文明建设理论和实践发展为基础，深刻总结了中国新时代生态文明理论的新内涵、实践遵循、理论与实践贡献，以及中华优秀传统文化中的生态智慧和党的生态文明思想。

1. 国际背景

21 世纪，科学技术日新月异，人民生活水平不断提高。国与国之间的联系越来越紧密，国际合作日益频繁，整个地球已然融为一体，人类已经形成命运

---

① 中共中央文献研究室编：《习近平关于社会主义生态文明建设论述摘编》，中央文献出版社，2017，第 8 页。

② 习近平：《高举中国特色社会主义伟大旗帜　为全面建设社会主义现代化国家而团结奋斗——在中国共产党第二十次全国代表大会上的报告》，人民出版社，2022，第 49 页。

③ 习近平：《高举中国特色社会主义伟大旗帜　为全面建设社会主义现代化国家而团结奋斗——在中国共产党第二十次全国代表大会上的报告》，人民出版社，2022，第 51 页。

共同体。然而，随着经济社会的不断发展，自然生态环境不断恶化，如污染加剧、资源严重短缺、全球气候变暖、自然灾害频发。近年来，由于全球平均气温逐年上升导致的极寒极热、极旱极雨等极端恶劣天气严重影响了人们的生产生活。此外，土地退化、沙化日益严重。2018 年 6 月，联合国防治荒漠化公约组织呼吁全世界重视土地退化带来的严峻挑战，并立刻投资修复。该组织发布的评估报告称，至 2050 年，土地退化将导致全球经济损失 23 万亿美元。日本的核污水持续排放入海事件也将对全世界的海洋生态环境造成破坏，进而影响人类的生存与发展。生态环境的恶化对人类社会的发展产生了巨大的影响，并将继续产生更大影响。如何正确处理好人与自然生态的关系，保护生态环境，建设生态文明，建设好全人类共同的家园——地球，是摆在全世界人民面前、需要全人类共同面对的课题。

2. 国内背景

经过 70 余年的发展，尤其是 40 余年的改革开放，中国特色社会主义建设成效显著，经济得到了迅猛发展，人民群众的生活水平大大提高。据统计，2023 年我国人均 GDP 已经达到 1.27 万美元[①]，综合国力显著增强，国际地位和影响力大幅提升。科学技术的发展为经济的腾飞带来了新的机遇，然而，与此同时，我们也在承受着不合理开发和利用自然带来的恶果。过度追求经济快速增长的后果就是生态环境恶化。长此以往，新时代经济社会发展和中国特色社会主义现代化建设也将无法顺利进行，我们自身的生命健康和安全，以及子孙后代的生存和发展都会受到影响。新时代中国特色社会主义生态文明建设刻不容缓。

2013 年，党的十八届三中全会提出生态文明建设要强化制度建设，"紧紧围绕建设美丽中国深化生态文明体制改革，加快建立生态文明制度，健全国土空间开发、资源节约利用、生态环境保护的体制机制，推动形成人与自然和谐

---

① 数据来源于《中华人民共和国 2023 年国民经济和社会发展统计公报》。

发展现代化建设新格局"①。社会的健康有序发展需要完善的制度体系做保障。政府部门要严格执法，加强企业监管，坚决关停环保不达标的企业。"国有企业要带头保护环境、承担社会责任。"② 党的十九大报告指出，"建设生态文明是中华民族永续发展的千年大计"③。这一大计关系到中华民族的兴衰成败，关系到老百姓的生活质量。因此，研究我国新时代生态文明建设非常有必要。本书立足我国目前自然生态环境的现实基础，结合我国生态文明建设的理论与实践经验，对中国特色社会主义生态文明建设的历程，尤其是党的十八大以来中国新时代生态文明思想的理论与实践贡献进行学理性归纳，进一步总结其理论内涵、实践遵循、理论与实践贡献，为探索一条更加适应我国国情的生态文明建设之路、推进新时代生态文明治理体系和治理能力现代化出谋划策。

## 二、选题的研究意义

党的十八大以来，我国经济发展进入新时代，推进人与自然和谐共生的现代化建设面临诸多挑战。全面建设社会主义现代化国家，消除贫困，让人民群众过上更加幸福美好生活的任务更加艰巨。在全面建设社会主义现代化国家的进程中，要深入践行新时代生态文明观，把建设美丽中国转化为全体人民的自觉行动，以实现国家治理体系和治理能力现代化。习近平总书记立足全面建成小康社会目标和新时代中国特色社会主义发展要求，破解当前发展的困境与难题，围绕生态文明建设，提出了一系列新思想、新观点和新论断。加强对中国新时代生态文明理论与实践的研究，不仅有助于我们更加清晰地了解当前我国社会主义建设面临的新问题、新挑战、新机遇，而且能够深入理解中国新时

---

① 本书编写组编著：《〈中共中央关于全面深化改革若干重大问题的决定〉辅导读本》，人民出版社，2013，第4-5页。
② 中共中央文献研究室编：《习近平关于社会主义生态文明建设论述摘编》，中央文献出版社，2017，第103页。
③《中国共产党第十九次全国代表大会文件汇编》，人民出版社，2017，第19页。

代生态文明理论的内涵，在新时代中国特色社会主义建设过程中自觉践行"绿水青山就是金山银山"的发展理念。

### 1. 理论意义

中国新时代生态文明理论立足新的历史方位，以最广大人民根本利益为宗旨，是新时代中国特色社会主义思想的重要组成部分。这一理论既是对中国传统生态思想的继承与发展，又是对中外生态建设思想经验教训的生动总结，揭示了社会主义建设的科学规律，具有深厚的理论渊源和鲜明的实践价值，是马克思主义中国化的最新理论成果，是习近平新时代中国特色社会主义思想的重要组成部分。因此研究中国新时代生态文明理论与实践贡献，揭示其理论内涵和科学规律，有助于我们更加深刻地理解中国新时代生态文明理论在中国特色社会主义现代化建设中的应用和发展。

### 2. 实践价值

中国新时代生态文明理论与美丽中国建设这一战略目标紧密联系在一起，是在新时代中国特色社会主义现代化建设的基础上产生的科学思想，具有深厚的实践基础。深入学习和研究中国新时代生态文明理论，有助于推进生态文明建设，有助于满足人民日益增长的对美好生活的需求，特别是对美丽环境的需求。任何科学的理论最终都应当用于指导社会实践。当前我国进入了全面深化改革的关键时期，也是落实"四个全面"发展战略、加快全面建设社会主义现代化国家的重要时期，经济发展与生态文明建设的矛盾日益显现。要化解这一矛盾，只有坚持绿色发展理念，加强新时代生态文明建设。中国新时代生态文明理论是指导全面推进中国式现代化与新时代中国特色社会主义生态文明建设的强大思想武器。

## 第二节 国内外研究现状

"生态"一词并非产生于东方国家，而是源自古希腊。当时的人们并没有把人与自然环境作为一个整体来看待，所以"生态"在当时主要是指人类赖以生存的自然环境。德国著名生物学家恩斯特·海克尔最早把"生态"作为一门学科，提出了"生态学"概念。1866 年，他在《普通生物形态学》一书中第一次提出了这一概念。他指出，生态学是研究生物与周围自然生态环境相互关系的学科，是一门关于自然发展的经济学。当人类实践能力不断增强时，人类认识、改造和利用自然的能力也相应提高，活动范围不断扩大，人类与环境的关系变得不和谐，二者之间的矛盾也越来越突出。相应地，"生态"一词涉及的领域日益扩大，涵盖的内容越来越丰富。因此，近代以来生态学研究范围不断扩大，除生物个体、种群和生物群落外，已扩大到包括人类社会在内的多种类型生态系统的复合系统。人类面临的人口、资源、环境等之间的关系问题都是生态学的研究内容。

　　人不是独立存在的，是自然界的一分子。自然界作为客观存在的主体，有固有的规律。人类在改造自然获取基本生活物资时，必须尊重客观规律，保护好生态环境。20 世纪 70 年代中期开始，苏联理论界对生态问题给予极大关注并展开了研究，其中"生态文明"一词最早出现在《在成熟社会主义条件下培养个人生态文明的途径》一文中，把培养个人生态文明观念上升到"共产主义教育的内容和目标之一"的高度。[1] 我国最早把"生态文明"作为一个整体性内容纳入社会主义文明体系的是刘思华教授。[2] 刘思华在 1986 年参加全国第二次生态经济学科学讨论会提交的论文《生态经济协调发展论》中提出社会主义物质文明、精神文明、生态文明同步协调发展的思想。1987 年，我国著名的生态农业科学家叶谦吉在全国生态农业研讨会上作报告时，针对我国日趋恶化的生态环境，大力提倡生态文明建设，并指出生态文明建设的核心是人与自然和

----

[1]　参见李龙强、李桂丽：《生态文明概念形成过程及背景探析》，《山东理工大学学报（社会科学版）》2011 年第 6 期。

[2]　参见方时姣：《论社会主义生态文明三个基本概念及其相互关系》，《马克思主义研究》2014 年第 7 期。

谐统一，两者是一个整体，叶谦吉因此成为我国最早定义"生态文明"的学者。而国外最早提出"生态文明"概念的学者则是美国生态学家罗伊·莫里森。他的观点见于《生态民主》（1995 年出版）一书中。莫里森在该书中率先将"生态文明"作为"工业文明"之后的一种文明形式。因此，大部分学者从文明形态角度出发，认为莫里森是"生态文明"的最早提出者。[①]

中国新时代生态文明理论的核心成果习近平生态文明思想是对马克思主义生态思想的继承、发展和创新。这一观点一经提出，立刻引起学界的广泛关注，成为专家学者研究的热点。学者们纷纷从不同的视角展开研究，由此形成了一系列丰硕的理论成果。

## 一、国内研究现状

国内专家学者从多学科、多角度出发，运用多种方法对中国的生态文明理论与实践的发展，尤其对新时代以来中国生态文明理论的形成与发展历程、内涵、实践价值与贡献进行了研究。其中，有学理性研究，有实践研究，有多学科交叉研究，研究角度众多、方法众多、成果众多。研究成果主要集中在以下几个方面：

1. 中国新时代生态文明理论的历史背景及中国生态文明建设的发展历程

学者们认为，中国生态文明建设的形成与发展经历了一个长期过程，习近平生态文明思想也不例外。中国在生态文明建设方面不仅要学习发达国家的成功经验，更需要与本国的实际相结合，走中国特色社会主义生态文明建设道路。秦书生（2018）认为，改革开放以来，中国生态文明建设思想经历了从初步形成到深化发展再到丰富完善三个时期。张荣华、原丽红（2008）认为，我国必须建设具有本土特色并结合本国实际的社会主义生态文明。李龙强（2009）详

---

① 参见鞠昌华：《生态文明概念之辨析》，《鄱阳湖学刊》2018 年第 1 期。

细阐述了中国生态文明建设的背景和途径。阮朝辉（2015）认为，习近平生态文明建设思想的发展脉络清晰，经历了萌芽时期、理论与实践起步时期、发展成形时期、理论丰富与深化拓展时期等四个阶段。黄承梁、杨开忠、高世楫（2022）认为，党的百年生态文明建设，经历了萌芽、探索、发展到完善再到成熟的过程，最终形成了专门指导生态文明理论与实践的习近平生态文明思想。

2. 中国新时代生态文明理论发展的理论渊源

中国新时代生态文明理论的核心成果习近平生态文明思想继承了马克思主义生态思想的理论精髓，植根于中华优秀传统生态文化思想，有着丰富的理论渊源。马克思恩格斯在人与自然的关系、生态环境的保护等方面有翔实的论述，这些论述蕴含着丰富的辩证法思想和哲学思维。我国要想建设好生态文明，就需要在马克思恩格斯等前人总结出来的理论成果和实践经验的基础上，结合自身实际情况，做到理论和实践相结合。基于此，我国学者从多个方面分析马克思恩格斯以及生态马克思主义者等前人关于生态文明方面的论述，为中国新时代生态文明理论的核心成果习近平生态文明思想追根溯源。

周光迅、胡倩（2015）认为，马克思恩格斯一生都在孜孜探索人类文明走向、探究人类社会发展规律、思考人类前途和命运，囿于历史，他们作为伟大的哲学家和思想家，虽未明确提出"生态"命题，其经典文本中亦鲜有对"生态"的系统论述，但他们就"人与自然的辩证统一论""生态危机产生根源论""人类文明的最终价值取向论"等都发表了哲言，为后世学者留下了宝贵思想。陈学明（2009）认为，对"生态学马克思主义"的理论成果进行系统深入的研究，有益于我国进行生态文明建设。黄枬森（2010）认为，马克思主义的辩证唯物主义观点对生态文明建设的基础性作用体现在五个方面：物质世界的客观存在性；人类社会与自然界既相互独立又不可分；一个个人构成了社会，同时又是社会的产物；实践与认识相互联系、相互作用；人是评价的中心。吴兴智（2012）认为，生态现代化理论中的有关如何更好地解决自然生态环境问题的研究为未来可持续增长提供了基础前提。王磊、肖安宝（2015）认为，党的十八大以来，习近平总书记提出了一系列关于生态文明建设的新思想、新论断。这些论断是在继承、弘扬中国传统生态文化，汲取、借鉴马克思主义生态思想，以及反思中西方经济社会发展实践的基础上产生的。

3. 中国新时代生态文明理论的核心成果习近平生态文明思想的哲学价值

有的学者从哲学的角度对习近平生态文明思想进行了阐释，认为习近平生态文明思想具有重要的哲学价值。

王临霞（2015）认为，习近平生态文明建设思想是对建设性后现代生态哲学的生成性发展，此外，习近平总书记还进一步在生态美学的基础上探讨了建设性后现代主义的生态伦理转向。张森年（2015）认为，生态文明建设是中国特色社会主义事业总体布局的新构成。大力推进生态文明建设是习近平总书记系列讲话的重要内容。建设生态文明是一场涉及思维方式的革命性变革。推进生态文明建设、确立生态思维方式至为关键。方毅（2010）认为，从系统论的观点来看，生态文明建设是一项复杂、巨大的系统工程，对生态文明建设的考察离不开对各个部分相互关系的考察。刘宇赤（2015）认为，习近平生态文明建设思想体现了"生态兴则文明兴，生态衰则文明衰"的哲学理念。李玉峰（2015）认为，习近平总书记关于生态文明建设和发展的系列重要论述揭示了生态文明建设的意义、途径和思路，充满了马克思主义的辩证法思想，具有重要的价值。张硕、高九江（2015）认为，建设生态文明彰显了生态思维的精神，对推进生态文明建设、确立生态思维方式至为关键："生命共同体"思想丰富了马克思主义自然观，是民生福祉的科学论断；"生态环境生产力"观点赋予生产力新的内涵；良好的生态环境是党的宗旨和公平正义的要求；满足人民生态诉求的生态民生观等新思想具有丰富的哲学内涵。黄承梁（2015）认为，习近平总书记提出的"两山"理论，为我们从根本上厘清和界定经济发展与环境保护的关系提供了另一种思维范式。杨英霞、张永梅（2016）认为，习近平总书记关于生态文明建设的系列讲话包含丰富的辩证法思想和马克思主义的普遍联系观。

### 4. 中国新时代生态文明理论的基本内涵

学者们从不同角度出发，解读中国新时代生态文明思想的基本内涵。韩庆祥（2018）认为，生态文明的基本内涵可以从"势""道""术""行"四个维度解读。王慧敏（2003）认为，生态文明的核心内容是生态平等，包括人地平等、代内平等和代际平等。吴凤章（2006）将生态文明与工业文明进行对比，认为生态文明是一种继承了工业文明优点的全新文明构想，主要体现在生产方式、生活方式、社会价值和社会结构等四个方面。[①] 燕乃玲（2007）认为，生态文明应包括和谐的文化价值观、可持续的生产观、合理的消费观。刘希刚、王永贵（2014）认为，党的十八大以来，习近平总书记用战略的眼光，站在全局的高度，全面、深刻地阐述了生态文明建设的重大理论和实践问题；认为习近平生态文明建设思想主要包含四个基本观点：从全人类历史发展的角度来看，生态文明是大势所趋；系统强调生态问题对企业和政府的刚性约束；用系统性、整体性的方法认识生态文明；全面阐述建设生态文明的重要意义。王磊、肖安宝（2015）认为，习近平生态文明建设思想包含四重视域，即主题视域、民本视域、目标视域、路径视域。李德栓（2015）认为，习近平总书记一方面看到生态文化的核心是生态价值观，另一方面洞察到我国生态文化的缺失，提出了建设生态文化的战略任务。韩风春（2015）认为，习近平生态文明建设思想强调人民群众是社会实践的主体，是生态文明建设的驱动力和监督者，在生态文明建设的过程中，需要充分发挥人民群众在生态文明建设中的主体作用。李全喜（2015）认为，习近平生态文明建设思想创新了新时期党的执政理念，继承并发展了马

---

① 吴凤章认为全新文明构想主要体现在四个方面：一是在生产方式上，强调经济社会与环境的协调发展，而不是单纯的经济增长，传统 GDP 不再是衡量社会进步的标志；二是在生活方式上，倡导生活质量而不是简单需求的满足，反对过度消费；三是在社会价值上，其归宿点是人与自然关系的平衡，不再以人为世界的中心，自然被赋予了道德地位；四是在社会结构上，努力实现更为高度的民主，强调社会正义并保障多样性，生态文明代表人类社会发展的一种崭新追求。

克思恩格斯的人与自然和谐共生的思想，吸收了中华优秀传统文化中的生态智慧，深化了对社会发展规律的认识。刘毅、孙秀艳（2016）认为，党的十八大以来，习近平生态文明建设思想的理念深入人心，环境保护合力集聚形成，绿色发展底色日益亮丽。

从以上相关论述和观点可以看出，学者们认为生态文明既包含经济社会发展的相关内容，又包含生产方式和生活方式。从某种角度来看，生态文明还包括了依法治国的内容，生态文明的发展离不开法治。

5. 中国新时代生态文明理论的实践理念和路径

大部分学者认为，人作为生态文明建设的主体，首要任务就是培养生态意识，树立生态理念，并把这些生态意识和理念运用到具体的生态文明建设实践中。

佘正荣（2008）认为，生态文明建设需要每个人参与，只有公众参与度高，才能改善生态环境，才能促进生态文明建设和谐有序发展。姬振海（2008）认为，在生态文明建设的过程中，必须大力培育生态文明意识。李新市（2015）认为，要充分认识生态文明建设不仅有利于当代人，而且有利于社会的长远发展，生态文明建设与民主政治密切相关，良好的生态环境是民生福祉；要树立和弘扬崭新的生态文明建设理念，采取有效措施维护海洋自然再生能力。李德栓（2016）认为，同国内外学者不同，习近平总书记从历史和现实两个维度认识人与自然的关系，一方面有助于我们整体理解人与自然的关系，另一方面有助于我们整体思考和推进美丽中国建设。陈光军（2014）认为，生态文明是人类社会发展的重大成果，公众参与生态文明建设能够防止市场、政府失灵，目前我国公众参与水平仍较低，应从三个方面提升公众参与水平，即提高公众参与意识、拓宽公众参与渠道、增强公众参与的操作性。

张云飞（2015）认为，建设美丽中国需要树立生态理念，即尊重自然、顺应自然、保护自然的科学理念。方世南（2017）认为，要以马克思关于人与环境的思想指导美丽中国的理念建设、制度建设、行为建设。李宏伟（2017）认为，生态文明建设要严守生态红线，深化体制改革，完善考评体系。卢风（2017）认为，绿色发展和生态文明建设的关键是绿色技术创新和生态文明制度建设，根本则是思想观念的转变。荣开明（2011）认为，生态文明建设思想的实践路径应从理论指引、实践平台、物质保障、法律法规、体制机制和文化氛围等方面考虑，应妥善应对全球能源短缺和环境恶化的挑战。刘希刚、王永贵（2014）认为，习近平生态文明建设思想的现实要求是贯彻落实习近平生态文明建设思想，首先要在思想观念上重视起来，其次要落实到行动当中去。许津荣（2014）认为，科学推进生态文明建设要坚定不移深化改革创新，坚持环保优先，推进绿色发展，强化源头保护，向污染宣战。

还有一部分学者从顶层设计、美学等高度阐述生态文明建设的指导方法和原则等。李全喜（2015）认为，贯彻习近平生态文明建设思想，首先需要进行顶层设计，加强制度体系建设，培育和弘扬生态文化，做到点面结合。章家恩（2012）认为，利用生态美学理论指导当今生态文明建设已显得十分重要。美学思想和理念也是生态文明建设思想的一部分，人们对自然生态环境进行保护和建设时离不开审美。绿色是人类生态环境最美的颜色，不仅能净化空气，还让人心情愉悦，益处多多。

另外，有的学者论述了生态文明建设应当改变过去一些陈旧的不适合生态发展的理念和思路，遵循现代的、与时俱进的发展理念。卢风（2009）认为，建设生态文明，必须从主体即人的角度入手，普及生态学知识，树立正确的生态价值观，实现"良心的革命"，摒弃物质主义、经济主义和消费主义等价值观。刘亚平、宋泽亮（2014）认为，只有通过扭转传统社会建设理念、转变政府职能、构建生态化的文化体系、严格依法执政等一系列的手段和措施，才能真正实现建设美丽中国的梦想。

部分专家学者对新时代生态文明建设内容谈了自己的想法。何树山（2021）认为，要坚定践行习近平生态文明思想，奋力谱写全面绿色转型安徽篇章。程鹏（2021）认为，应深入贯彻习近平生态文明思想，加快推动上海经济社会发展全面绿色转型。凡科军（2021）认为，应切实履行财政支持生态文明建设的政治责任。王爱民（2021）认为，应保护自然资源，守护生态底板。杜丙照（2021）认为，应深入贯彻落实习近平生态文明思想，推动河湖生态环境复苏。孙法军（2021）认为，应扎实推进农业绿色发展。王浩（2021）认为，应自觉践行习近平生态文明思想，为建设生态文明和美丽中国作出应有贡献。宋鑫（2021）认为，应聚焦节能环保主责主业，勇做习近平生态文明思想的坚定践行者。李岳东（2021）认为，应坚定贯彻落实习近平生态文明思想，切实筑牢长江黄河上游生态屏障。张彤（2021）认为，应深入推进全域治水净水护水行动，坚决筑牢长江上游重要生态屏障。孙伟（2021）认为，需发挥军队在生态文明建设中的支援功能和突击队作用，为建设美丽中国作贡献。王殿（2021）认为，应践行科学治理理念，打造城市水管家，推动地方绿色转型发展。林强（2021）认为，坚持绿色发展，推动生态营城，奋力书写新时代公园城市建设新篇章。张惠远（2021）认为，新时代生态文明建设呼唤生态环境科技创新体系。

部分学者对新时代中国生态文明建设实践进行了分析和评价。夏艺恣（2021）认为，新时代，我们要大力弘扬生态文明，树立社会主义生态文明观。国家林业和草原局（2024）认为，新时代生态文明建设的西部实践从生态之痛到生态之治，筑牢了生态屏障，建设了生态高地。金佩华（2024）认为，"两山"理念对生态文明建设起到了引领作用。方世南（2024）认为，江南水乡生态文化、人文经济与生态文明建设协同促进、交相辉映。崔莉（2024）肯定了我国"生态银行"理念与实践的成果，尤其是在福建南平等地的创新性探索。叶冬娜（2024）认为，天津"生态新城"近年来的实践探索是非常具有现实意义的。曹顺仙（2024）认为，中国生态文明建设语境下河流伦理话语体系的构建及其实践取得了一定的阶段性成果。黄志豪（2024）认为，要率先打造"美丽中国"建设示范品牌，将珠海建设成习近平生态文明思想的忠实实践基地。

6. 中国新时代生态文明理论的核心成果习近平生态文明思想的理论创新及价值

中国新时代生态文明理论的核心成果习近平生态文明思想是对马克思主义

生态思想的继承、发展与创新，具有重要的理论与实践价值。

中共中央文献研究室"中国特色社会主义生态文明建设道路"课题组（2016）认为，党的十八大以来，以习近平同志为核心的党中央高度重视生态文明建设，提出了许多新思想，制定了一系列新举措：把生态文明建设作为实现中华民族伟大复兴中国梦的重要内容，深刻阐释了生态文明建设的重要意义；强调牢固树立绿色发展理念，坚持人口经济与资源环境相均衡的原则，以解决损害群众健康的突出环境问题为重点，开展有重点、有力度、有成效的环境整治行动；加强顶层设计，以系统思维推进生态文明制度体系建设，为生态文明建设提供可靠的制度保障。这些思想与实践都为我们走向生态文明新时代提供了指南。张云飞、李娜（2016）认为，党的十八大以来，习近平总书记提出了一系列生态治理的新理念，这些新理念是坚持和发展马克思主义生态文明思想的光辉典范。周光迅、杨梦芸（2019）认为，习近平生态文明思想为发展中国家解决生态发展问题提供了中国思路，为世界生态治理提供了中国方案，中国负责任的态度为世界树立了榜样，彰显中国特色社会主义生态文明建设的独特魅力。

部分学者从生态文明与人类文明辩证关系的角度分析我国生态文明建设的重大意义。余谋昌（2013）认为，当今世界正面临从工业文明社会向生态文明社会转变，中华民族可能率先走上生态文明的道路，建设生态文明的"中国道路"将是中华民族对人类新的伟大贡献。

有的学者系统论述了生态文明建设在中国特色社会主义事业总体布局中的意义。吴瑾菁、祝黄河（2013）认为，经济、政治、文化、社会、生态文明建设是"五位一体"系统中的五个子系统，它们相互联系、相互影响。杨晶、闫玉清（2013）认为，在"五位一体"总体布局中，"五大建设"密不可分，但又发挥着不同的作用，生态文明建设是其他"四大建设"的前提和基础。陈孝兵（2013）认为，"五位一体"总体布局的提出标志着我党执政兴国理念迈上了新台阶，进一步完善了中国特色社会主义事业的顶层设计。周生贤（2014）认为，习近平总书记站在中国特色社会主义事业"五位一体"总体布局的战略高度，对生态文明建设作了系统阐述，体现了我党对生态文明建设规律认识的进一步深化。

有的学者从党的理论创新的角度分析中国新时代生态文明建设的意义。刘希刚、王永贵（2014）认为，习近平生态文明建设思想是建设社会主义生态文明的理论指南，是我党关于社会建设的重大理论创新，是科学认识生态文明建设和发展规律的最新成果。朱红文（2014）认为，生态文明建设融入"五位一体"总体布局是我党历史上又一次重要的思想和制度的双重创新。周光迅、胡倩（2015）认为，党的十八大以来，习近平总书记就生态文明建设发表的一系列重要讲话，是对马克思生态观的继承与发展，是建设美丽中国的行动指南。赵建军、杨博（2015）认为，习近平生态文明建设思想是人的价值与自然价值双重实现的最终体现。唐小芹（2015）认为，习近平生态文明思想具有深刻的现实意义和时代意义。陈志立（2015）认为，习近平生态文明思想彰显了大国思维，提升了我国的国际形象和地位，是马克思主义中国化的最新理论成果，具有重要的意义。宋周尧（2015）认为，习近平总书记关于生态文明建设的重要论述是推进生态文明建设的理论指导，同时，在这些重要论述中，习近平总书记十分重视科学方法在生态文明建设中的具体运用。刘松涛（2015）认为，习近平总书记关于生态文明建设的系列重要论述，有许多新观点和新论断，具有丰富的哲学内涵，形成了比较完整的生态文明建设思想，体现了中国共产党人与时俱进的创新精神，丰富了马克思主义生态文明理论，极大地深化了党对"三大规律"的认识。刘建伟（2015）认为，习近平生态文明建设思想蕴含四大思维，它们具有开拓性、创造性、前瞻性的特点，在认识论和方法论层面对全面深化改革、推进国家生态环境治理现代化具有重要意义。付芳（2016）认为，习近平生态文明建设思想无论在理论上还是在实践上都具有重要意义。张乐民（2016）认为，习近平总书记关于大力加强生态文明建设的重要论述包含一系列新思想、新观点、新论断，尤其是其中蕴含的新思想对于我国当前大力加强生态文明建设具有重大的理论和实践指导意义。

生态文明是继工业文明之后一个崭新的文明形态。中国新时代生态文明理论的核心成果习近平生态文明思想是马克思主义中国化的最新理论成果，是中国特色社会主义制度中公平正义的体现。李萌、潘家华（2014）认为，生态文明是追求生态公正和社会公正的新文明形式；生态文明是一种价值观，是一种社会文明形态；习近平总书记关于生态文明的系列论述是与马克思主义理论一脉相承的中国特色社会主义最新理论成果。周光迅、胡倩（2015）认为，习近平总书记揭示的"生态兴则文明兴，生态衰则文明衰"这一客观规律，是中华文明全面复兴的理论指南。余永跃、王世明（2015）认为，习近平总书记在生态文明建设上既继承了前人的成果，又创新发展了新形势下党的生态文明建设新思路。刘超（2015）认为，习近平总书记的生态治理理念是马克思主义生态自然观在中国的新发展，是对中国特色社会主义理论的极大丰富，是对党的执政理念的拓展，它对生态文明发展规律和重要性的深刻认识已经深入中国特色社会主义现代化建设的实践中，对促进中国生态文明思想的发展具有重要意义。

### 二、国外研究现状

国外学者在生态哲学、生态伦理学、生态政治学、生态危机理论和生态现代化等方面的研究成果非常丰富。生态哲学的代表人物是美国学者唐纳德·沃斯特，代表作为《自然的经济体系——生态思想史》；生态马克思主义的代表人物是美国学者约翰·贝拉米·福斯特，代表作为《马克思的生态学——唯物主义与自然》；生态现代化理论的代表人物为德国的马丁·内耶克和约瑟夫·胡伯，两位学者是同事且观点比较接近。其中马丁·内耶克的代表性观点是：生态现代化的实施过程是使环境问题的解决措施从补救性策略向预防性策略转化的过程，政府的政治执行风格和决策导向等都影响着生态现代化的进程。

国外学者们对生态危机的认识可谓"仁者见仁，智者见智"。其中，美国学者巴里·康芒纳认为，导致生态危机最重要的原因是技术更新的速度太快，主张通过改变技术的发展状况来解决生态环境问题，这一观点在《封闭的循环——

自然、人和技术》一书中有阐述（杜学森，2013）。美国学者大卫·格里芬认为，人类面临在世界生态问题严重恶化的时代如何生存下去的问题，生态文明建设就成为必然选择；建议各国政府开诚布公，同心合力建立一套统一的具有权威性的制度体系来协调不同国家之间的利益，以促进世界生态文明建设。由此，我们不难得出结论：生态文明建设绝不只是某一个国家、某一个地区的事情，它将影响到全人类的生存和发展，世界人民需要理性面对社会建设实践过程中的问题并制定相应的对策推动生态文明的建设和发展。

近年来，国外专家、学者、政要、主流媒体非常关注中国生态文明建设的理论与实践发展，有学者发表有关中国生态文明的论文，如美国学者马格多夫的《和谐与生态文明：超越资本主义异化的本性》、澳大利亚学者盖尔的《马克思主义与创造环境可持续性文明》。两位学者都认为资本主义和生态环境保护之间存在根本矛盾，而社会主义能够很好地化解自身与生态环境的矛盾。马格多夫在书中提出的"和谐文明"总体模式对于我国保护好生态环境、处理好经济发展和生态环境保护的关系以及走向中国特色社会主义生态文明新时代具有重要的启示意义。此外，一些学者、公众人物和媒体提出了以下观点：

1. 中国加大了绿色投入，践行了减排诺言，生态文明建设取得显著效果

有学者、媒体指出，党的十八大以来，习近平总书记十分重视生态文明建设，中国在生态环境保护方面逐渐加大投入，在排污治污、坚决打好污染防治攻坚战方面取得显著成效。英国《经济学人》编辑部主任郭达文（2019）认为，中国在用实际行动推动生态文明建设，中国的海洋政策非常具有前瞻性。英国路透社、法新社、新加坡《联合早报》、肯尼亚《每日国家报》（2019）都认为，中国有能力有信心打赢污染防治攻坚战。俄罗斯人民友谊大学教授塔夫罗夫斯基（2015）在其出版的书籍《神奇的中国》中指出：中国在习近平主席的领导下，环境污染治理方面成效显著。中国政府逐渐摆脱了"唯GDP论"，正在向重视

绿色 GDP 的发展理念转变。<sup>①</sup>日本丽泽大学教授梶田幸雄（2015）认为中国治理大气污染的成效显著。<sup>②</sup>法国女作家索尼娅·布雷斯莱（2015）认为，中国一直在为生态环境事业付出巨大努力，并在履行诺言。

比利时学者高丽娜（2024）认为，环境正义视野下中国生态文明建设具有特定的表征与现实挑战，中国正在积极应对。德国学者米兰达·施罗伊尔斯（2024）认为，欧盟生态现代化理论及其实践和中国生态文明建设理论与实践既有共性也有个性。印度学者拉吉夫·拉詹（2024）认为，中国的生态文明建设理论与实践具有系统性、前瞻性。

2. 中国转变了环保理念，依法从严治理环境问题

世界环境保护基金中国事务负责人丹·杜德克（2015）认为，中国正在迈向工业化、现代化，出现了一些环境问题，相信中国领导人有应对环境问题的决心和信心。<sup>③</sup>联合国副秘书长兼联合国环境署执行主任埃里克·索尔海姆（2018）就习近平总书记在十三届全国人大一次会议闭幕会上的讲话表示，中国正在用实际行动践行生态文明理念，空气质量普遍得到了改善，可再生能源也在逐渐取代传统能源，公共交通系统包括电动车辆、高铁和地铁系统得到了飞速发展，这些都令人印象深刻。他认为，中国的发展经验表明，经济健康发展的同时环境也可以健康发展。他还指出，世界上所有环境问题的解决都需要依靠创新，中国正在加大环境保护方面的创新，并且中国的这些创新将带动世界上其他国家在环保领域取得新成绩。南非执政党非洲人国民大会经济发展论坛

① 塔夫罗夫斯基表示，他在中国目睹了中国政府采取的环保措施，比如为降低能耗、减少有害物质的排放，在大城市对车辆限行、使重工业企业搬离城市等，为减少"污染大户"煤炭的负面作用，中国政府正在加速推进工业能源结构的转型；最近一两年来，无论在中国的东部还是西部地区，新建的风力发电设备越来越多。
② 梶田幸雄表示，对中国今后采取的具体措施充满期待，在新常态下，中国已经摆脱了"GDP至上主义"，正在制定新的目标。
③ 丹·杜德克认为新的《中华人民共和国环境保护法》的正式实施，证明中国准备倾力应对环境问题，体现了负责任的态度。

主席达里尔·斯万普尔（2015）肯定了中国政府近5年来在生态环境保护方面所做的努力。[1] 美国马萨诸塞州史密斯学院历史系教授丹尼尔·加尔德那（2015）肯定了中国在环保方面的成就，并认为这些举措对中国和整个世界都有利。[2] 哈萨克斯坦国际问题专家瓦里汗·图列绍夫（2015）表示，作为人口大国和能源消耗大国，中国在节能减排和治理污染方面所做的努力，也是对国际社会实现可持续发展的一种贡献。[3]

### 3. 世界生态文明建设的希望在中国

国外学者对中共十八大以来生态文明建设思想和实践效果进行了针对性研究，认为中国加大了生态文明建设的力度，并取得了显著成效，一方面说明中国生态文明建设思想有了新发展，另一方面也在生态文明建设实践中有了新方法、新成效，为世界的环保和可持续发展提供了范式，值得全世界借鉴吸收。习近平总书记在党的十八届三中全会上提出了"绿色发展"理念。这个理念受到了国外学者的关注，并获得了较高的评价。21世纪初，美国国家人文科学院院士小约翰·柯布最早提出生态文明的希望在中国。美国环保署前高级官员瓦

---

[1] 达里尔·斯万普尔相信，有了政府的重视和具体的行动计划，未来中国的环境保护工作一定能收到良好的效果。

[2] 丹尼尔·加尔德那认为，经过了30多年的工业化发展，中国面临空气、水源和土壤污染等问题，这与美国20世纪60年代末的情形类似。一系列环境污染事件唤醒了中国人的环保意识，同时也让国家领导人采取了更有力的环境保护措施。碳排放交易项目在北京、上海、深圳和广州试行；在一些高污染地区，中国政府设定了煤炭消费上限。在治理空气、水污染方面，中国政府也在加大力度。目前中国对可再生资源的投资超过了世界上其他国家。中国在环保方面所做的努力不仅有利于中国，也有益于整个世界。

[3] 瓦里汗·图列绍夫认为，中国近些年来在生态保护领域采取的措施、取得的进步是有目共睹的。一方面，中国在国内通过立法，加大监管力度，在钢铁、机械制造等行业中推行更加严格的环保标准，同时大力开发核能、风能、太阳能等清洁能源，逐渐减少并摆脱对碳能源的依赖，在全社会倡导节能低碳的理念。另一方面，在国际上，基本上所有涉及气候变化、生态保护的国际公约，中国都签署并积极履行。作为人口大国和能源消耗大国，中国在节能减排和治理污染方面所做的努力，也是对国际社会的一种贡献。

连纳托斯（2013）认为中国可以发展小农场经济，因为小农场经济既能有效保证健康食物的供给，又能保证自然生态的健康发展。美国生态马克思主义代表人物福斯特（2022）认为，新时代中国生态文明建设是中国特色社会主义现代化进程中的关键战略部署，中国的生态文明建设更强调人民的福祉。西方著名生态马克思主义者福斯特（2016）、美国气候学家詹姆士·汉森、美国新经济的领军人物大卫·柯藤博士和建设性后现代主义的领军人物格里芬博士（2018）都认为，在建设生态文明中，中国显然比美国更有希望。联合国环境署前执行主任、挪威前环境和国际发展部部长埃里克·索尔海姆（2022）认为，中国在污染防治方面取得了显著成就，成为全球生态文明建设的引领者，在全球应对气候变化中扮演关键角色。俄罗斯学者奥列格·季莫费耶夫（2022）认为，中国为世界上许多国家解决生态问题树立了榜样。

4. 对中国新时代生态文明理论与实践进行了高度评价

2018年《政府工作报告》对我国5年来的生态环境状况进行了系统性的总结，自然生态环境较5年前有了非常大的改观，绿色发展成效显著。大气、水、土壤污染防治三个"十条"的制定和实施，取得了令人满意的成效：让人担心的单位国内生产总值能耗、水耗均下降20%以上；主要污染物排放量持续下降，大气、水、土壤污染情况好转；重点城市重污染情况得到明显控制，污染天数减少一半；森林面积增加明显，总共增加了1.63亿亩；绿色植被增加的同时，沙化土地面积缩减明显，年均缩减近2000平方公里。① 中国加快推进生态文明建设，生态环境持续改善，对此国际人士予以高度评价。

伦敦政治经济学院外交与国际战略研究中心高级研究员、中国项目主管于洁（2017）表示，中国对如何更有效地保护自然生态环境提出了新的要求②。韩

---

① 参见2018年《政府工作报告》。
② 于洁认为，生态文明建设不仅关乎环境保护，而且关乎中国下一步经济转型，是中国对世界的庄严承诺，也是中国继续履行《巴黎协定》的积极表现，彰显了大国担当。

国地球治理研究院院长贝一明（2017）表示，中国的生态文明建设已经贯彻落实到行动中，中国的生态文明建设将改变世界经济发展轨道。[①] 泰国玛希隆大学社科人文学院院长勒蔡·斯恩源（2018）认为，中国成功的经验为世界经济发展提供了方向。[②] 西班牙中国政策观察中心主任胡里奥·里奥斯（2018）表示，中国的生态文明建设取得了惊人的成就，这表明中国执政理念的正确性。[③] 巴西中国问题研究中心主任罗尼·林斯（2018）认为，中国在治理生态环境方面的行动让生态文明建设取得显著成效。[④] 联合国开发计划署署长施泰纳（2018）表示，中国的生态文明建设智慧为全球治理作出了贡献。[⑤]

综述相关研究成果，可以得出以下结论：从国内外生态文明理论与建设实践的研究现状和理论成果来看，学者们都是从各自的角度出发，解读了中国特色社会主义生态文明建设思想对共产党执政规律、社会主义建设规律及人类社会发展规律"三大规律"的认识和深化，阐述了国外生态理论与实践经验，有着丰富的成果，为本书系统研究中国新时代生态文明理论与实践提供了宝贵的思想基础。学者们提出的许多有益的观点，为中国特色社会主义生态文明建设提供了重要的理论参考。目前国内专门研究中国新时代生态文明理论与实践的

---

① 贝一明认为，中共十九大报告将生态文明建设作为发展大计，中国下定决心走绿色发展之路，绝不仅仅是说说而已，而是已经切实落实到行动之中。中国推动绿色发展革命，其历史意义将不亚于工业革命。中国的生态文明进步不仅意味着中国百姓的生活将显著改善，而且将助推全球经济发展模式的转变。

② 勒蔡·斯恩源认为，探寻可持续发展之路，需要将目光转向东方，从中国的成功经验中寻找新的路径。

③ 胡里奥·里奥斯认为，中国政府对生态文明建设中存在的问题有清醒准确的认识，为解决这些问题投入了大量资源，制定了中长期规划，这些都让人们相信，中国的生态文明建设将在未来取得更多令人赞叹的成就。

④ 罗尼·林斯表示，近年来多次访问中国，每次都能感受到中国在生态文明建设上的进步。他认为在治理环境方面，中国政府早就付诸行动。

⑤ "绿色发展""生态文明"等理念和词汇已被纳入联合国文件，这是中国智慧对全球治理的贡献。

学术专著已有一些，但系统性、针对性、系统性的研究有待进一步深入。基于此，本书将对中国新时代生态文明理论的主要内涵、发展过程、实践遵循与贡献进行较为全面、系统、深入的梳理和研究。从理论、实践及其蕴含的世界观、价值观和方法论上系统地研究中国新时代生态文明理论与实践，具有重要的理论意义和实践价值。

## 第三节　研究思路和基本框架

基于研究的可行性考虑，本书从研究中国新时代生态文明理论与实践出发，综合国内外学者的相关研究，分析了研究思路、目标以及研究内容、基本框架。

### 一、研究思路、目标

**1. 研究思路**

本书从中外历史与现实的维度，科学地分析了中国新时代生态文明理论与实践在历史地位、科学内涵、精神实质和实践遵循等方面的新发展，得出其理论架构、哲学意蕴、科学性和实践性特征，重点阐述中国新时代生态文明的理论内涵与实践遵循、理论与实践贡献，凸显其理论意义与时代价值。

**2. 研究目标**

党的十八大以来，国内外不断发展的新形势，使我国把生态文明建设提上了更加重要的议事日程。这不但反映了在新的历史条件下生态文明建设的紧迫性，而且把生态文明建设的认识提升到了一个新的高度。本书立足中国新时代生态文明理论与实践的新观点、新论断，研究中国新时代生态文明理论与实践对中国特色社会主义生态文明建设理论的新发展、新贡献，是对中国特色社会主义生态文明建设新格局的拓展，是对新时代中国特色社会主义生态文明建设内容的丰富。本书从新发展理念的角度，致力从理论和实践两方面对中国新时代生态文明进行研究。

3. 可行性分析

①生态文明是国内外学者研究的热门话题，建设好生态文明是新时代中国特色社会主义建设的重要任务。生态文明研究无论从理论方面还是从实践方面来说都具有重要的意义和价值。党的十八大以来，习近平总书记把生态文明建设提升到了一个新的高度，提出了许多新观点、新思想，显示出中国新时代生态文明理论与实践研究的重要地位。基于学者们大量的理论研究和中国特色社会主义生态文明建设实践的丰富经验，本书致力于研究中国新时代生态文明理论与实践。

②笔者对新时代生态文明理论与实践的研究有着浓厚的兴趣，查阅了大量相关资料和文献，认真拜读了国内外研究生态文明学者们的论文、论著，积累了相应的研究素材，分别于 2016 年、2018 年和 2019 年参加了北京大学马克思主义学院"生态文明与社会转型"的系列专题研讨会，此外还参加了清华大学、华中师范大学、武汉大学、苏州大学等国内知名高等学府举办的相关理论学习和学术研讨会。

③研究内容之间的内在关联性较强。中国新时代生态文明理论的形成与发展、理论内涵与实践遵循、理论与实践贡献等之间具有很强的内在逻辑性。

④笔者主要致力于中国特色社会主义理论与实践的研究，主持、参与了多项国家社会科学基金课题，并在核心期刊发表了 30 余篇论文，积累了丰富的研究经验，对中国新时代社会主义生态文明建设的理论发展和实践经验均有一定的研究，功底深厚，相关研究成果较多。

4. 拟解决的关键问题

①党的十八大以来，尤其是 2020 年新冠疫情暴发后，国际国内的生态环境问题和经济发展瓶颈进一步凸显，对全球的生态文明建设提出了新挑战，如何应对挑战并协调经济社会发展与生态环境保护之间的关系是本书拟解决的问题。

②党的十八大以来，中国新时代生态文明理论逐步形成并不断发展，在理论与实践发展中，继承和丰富了马克思主义生态思想，进一步拓展了马克思关于人与自然关系的内涵，而且提出了生命共同体观、生态生产力观、生态民生

观和生态法治观等观点。这些观点是本书研究的重点内容之一。

③新时代中国特色社会主义生态文明建设具有鲜明的时代特征和民族特色，随着经济社会的发展而不断向前推进。中国新时代生态文明理论指导下的新时代中国特色社会主义生态文明建设的实践遵循是本书需要研究的重要内容之一。

④党的十八大以来，中国新时代生态文明理论不断丰富和发展，成为新时代中国特色社会主义生态文明建设的理论导向和行动指南，具有重要的理论意义与实践价值，为中国特色社会主义生态文明的理论与实践作出巨大贡献。这也是本书研究的重要内容之一。

## 二、研究内容、基本框架

（1）第一章从研究缘起和意义、国内外研究现状、研究思路和基本框架、研究方法和创新点四个方面阐述研究的初衷、主要思路，着重阐述为什么研究、怎么研究、研究什么的问题。

（2）第二章主要阐述中国新时代生态文明理论形成的时代背景和发展过程。其中，国际背景方面主要从对全球生态危机的反思出发，对生态系统的平衡性被破坏、环境污染的严重性日益加剧、全球资源的短缺日益凸显等三个方面进行分析。国内背景方面主要从新时代中国经济社会发展的新要求出发，对粗放型发展方式消耗了大量资源、生态危机和资源危机凸显、全面建成小康社会的目标要求等方面进行分析。国内外政治环境的变化对生态文明理论的推动作用以及中国新时代生态文明理论的形成和发展过程也是本章论述的重点。

（3）第三章阐述中国新时代生态文明理论的理论渊源，主要包含理论基础、思想理念和文化积淀三个方面。此外，本书还进一步阐述了中国新时代生态文明理论对相关理论的借鉴、继承、发展和创新。

第一节理论基础，即马克思主义生态思想，主要从人与自然一体化思想、自然生产力思想、以人为本的生态关怀思想、中国新时代生态文明理论厚植于马克思主义生态思想等方面进行阐述。

第二节思想理念，即党中央领导集体关于生态文明建设的重要论述，主要包括毛泽东、邓小平、江泽民和胡锦涛等同志的相关重要论述。

第三节文化积淀，即中华优秀传统生态文化，主要从中国古代生态伦理思想中的生态爱护观、生态实践观、生态节约观以及中国新时代生态文明理论对中国古代生态伦理思想的继承与发展等方面进行阐述。

（4）第四章为中国新时代生态文明理论的丰富内涵，主要从生命共同体观、生态生产力观、生态民生观和生态法治观等进行阐述。

①生命共同体观：从生命的视角审视生态文明的价值地位，主要从人类是一个命运共同体、自然生态是一个生命系统、人与自然是生命共同体三个方面进行论述。

②生态生产力观：从社会发展动力的视角阐述生态文明的推动作用，主要从生态生产力的重要推动力、科学内涵以及内生规律和实践要求等方面进行论述。

③生态民生观：从人民幸福观的视角实现生态文明的根本目的，主要从良好的生态是民生幸福之基、良好的生态是民生幸福之义、建设良好的生态与民生幸福相统一三个方面进行论述。

④生态法治观：从规范发展的视角加强生态文明的建设保障，主要从法治是新时代生态文明建设的根本保障、法律是新时代生态文明建设的底线、依法建设是新时代生态文明的基本要求三个方面进行论述。

（5）第五章为中国新时代生态文明理论的实践遵循，着重从新目标、新战略、新策略和新举措等四个方面进行论述。

①新目标：全面推进美丽中国建设，主要从自然资源的定位要科学化、合理化，树立了自然环境建设的新标准，确立了生态文明社会的新形态进行论述。

②新战略：将生态文明建设纳入"五位一体"总体布局，主要从社会主义文明体系建设的基本条件、全面建设社会主义现代化国家的必然要求、积极回应人民群众日益增长的环境保护需求、向世界彰显中国负责任形象的战略之举等方面论述。

③新策略：全面谋划发展方式与绿色低碳转型路径，主要从遵循五大发展理念是生态文明建设的主基调、绿色循环低碳发展是生态文明建设的主旋律、绿色生活是生态文明建设的主音符、积极稳妥推进碳达峰碳中和等方面进行论述。

④新举措：建立最严格的制度、最严密的法律、最科学的政策体系，主要从坚持党的全面领导、深化机构改革、大力推进生态文明法治化建设、建立完善生态文明建设评价体系等方面进行论述。

（6）第六章为中国新时代生态文明理论的重大贡献与世界影响，主要阐述中国新时代生态文明理论的原创性贡献、历史性变化与世界影响。

①中国新时代生态文明理论的原创性贡献：具有重要的战略地位，深化了马克思关于人与自然关系思想的深刻内涵，凸显了中华文明中生态智慧的时代价值。

②中国新时代生态文明理论在实践中的历史性变化：中国新时代生态文明理论的核心成果习近平生态文明思想是新时代中国特色社会主义生态文明建设的科学指南，推动了新时代生态文明治理体系和治理能力现代化建设。

③中国新时代生态文明理论的世界影响：进一步丰富了全球生态环境治理的绿色发展理念，为人类文明的发展贡献了中国智慧和中国方案。

# 第四节　研究方法和创新点

## 一、研究方法

本书以马克思列宁主义、毛泽东思想、邓小平理论、"三个"代表重要思想、科学发展观、习近平新时代中国特色社会主义思想为指导，运用唯物主义认识论和方法论，通过文献资料法、比较分析法、历史归纳法等对中国新时代生态文明理论与实践进行研究。

①文献资料法：在阅读马克思恩格斯经典著作的基础上，查阅生态文明建

设的相关书籍、中国知网学术期刊和其他权威网站相关资料，进行文献整理，全面了解国内外对生态文明理论的研究。

②比较分析法：横向比较分析中外生态文明理论与实践的成果，纵向比较分析在不同历史时期生态文明的理论与实践。

③历史归纳法：生态文明思想是实践的产物，是对生态文明发展过程的总结。因此必须从历史视角探究中国共产党生态文明思想的理论渊源和实践基础，并在此基础上提炼中国新时代生态文明理论的核心观点和主要内容。

④系统论的研究方法：从系统整体论的角度看，生态文明建设理论与实践自成一体，是一个复杂的系统工程。因此，必须以马克思主义系统论和整体观为指导，进行中国新时代生态文明理论与实践研究。

## 二、研究特色与创新之处

本书系统总结了中国新时代生态文明理论的形成与发展过程，深入分析了中国新时代生态文明理论产生的时代背景、理论渊源、理论内涵和实践遵循，详细阐述了中国新时代生态文明理论的发展和创新。

①研究视角创新。本书以社会主义生态文明建设认识的深化发展为研究视角，力图运用史论结合的方法，从理论上探讨中国新时代生态文明理论对社会主义建设规律认识的新发展，拓展了现有的研究领域。

②学术内容创新。本书将"源"与"流"相结合，以马克思主义的生态思想为理论基础，以党的几代中央领导集体关于生态文明建设的重要论述为直接理论来源，以中国新时代生态文明理论为切入点，分析中国新时代生态文明理论的内在逻辑，揭示生态文明建设的理论基础、实践来源和价值维度，体现了理论与实践、历史与逻辑的统一。

③学术观点创新。本书深入探讨了中国生态文明的历史演变过程，揭示了生态文明建设的实践遵循，着重揭示了中国新时代生态文明理论的科学价值以及对科学社会主义建设理论与实践的贡献。

# |第二章| 中国新时代生态文明理论形成的时代背景和发展过程

　　人类文明在经历了工业文明之后正式步入生态文明，生态环境问题已经成为一个全人类必须共同面对的课题。中国的经济发展也经历了从最初的单纯追求经济发展、GDP 增长到可持续发展、科学发展，再到生态文明建设的过程。这不但体现了人们对事物认识的升华，而且反映出社会发展的趋势。20 世纪中叶，工业革命正如火如荼，鲜有人真正关注生态环境问题给人类带来的危害。然而 21 世纪的今天，人类饱尝工业革命带来的恶果，开始寻求人类社会发展的突破口——建设生态文明。

　　习近平总书记在党的十九大上提出，"坚持人与自然和谐共生。建设生态文明是中华民族永续发展的千年大计"[①]。我党始终把建设好生态文明以及处理好人与自然的关系作为重要的理论和实践问题。自党的十七大以来，生态文明建设在我国经济社会发展中的地位日益突出。中国将生态文明建设上升为国家意志，这一战略抉择既顺应世界发展大趋势，又契合中国国情。基于此，中国新时代生态文明理论的形成和发展具有鲜明的时代特征。

---

① 《中国共产党第十九次全国代表大会文件汇编》，人民出版社，2017，第 19 页。

## 第一节　国内外背景：对全球生态危机的反思和新时代中国经济社会发展的新要求

　　当今世界已然成为一个整体，国与国之间的联系越来越紧密，全世界人民同呼吸共命运。全球经济一体化进程加快，人类共享经济繁荣发展成果的同时，生态环境问题日益突出。环境问题不再是某一个国家或某几个国家的事情，而是全球性的问题，是全人类需要共同面对的挑战和难题。当前人类正面临现代工业发展带来的全球气候变暖、能源和资源濒临枯竭、臭氧层耗损与破坏、生物物种减少、生态系统退化等严重的环境问题。其中，全球气候变暖是范围广、影响面大的安全问题。工业革命在推动人类科技进步和物质文明发展及世界经济、政治、文化一体化等方面，取得了巨大的成就，但也导致了全球经济、文化、技术发展的不平衡，人与自然的关系被异化，环境污染、资源浪费情况严重。美国生物学家蕾切尔·卡逊曾痛心地指出："在人对环境的所有袭击中最令人震惊的是空气、土地、河流以及大海受到了危险的、甚至致命物质的污染。"[1]1987年，世界环境与发展委员会在《我们共同的未来》一书中，提出了"从一个地球到一个世界"的观点，沉重地指出人类所面临的生态危机，人类的活动"正从根本上改变着地球系统"[2]。21世纪的今天，人类面临的生态环境问题日益严重。2015年9月，联合国在成立70周年之际通过了《变革我们的世界：2030年可持续发展议程》，全世界开始一起面对生态环境问题。

---

[1]　蕾切尔·卡逊：《寂静的春天》，吕瑞兰、李长生译，吉林人民出版社，1997，第4页。
[2]　世界环境与发展委员会：《我们共同的未来》，王之佳、柯金良等译，吉林人民出版社，1997，第1页。

## 一、国际背景：对全球生态危机的反思

### 1. 生态系统的平衡性被破坏

生态系统是一个与环境系统构成整体的开放系统，具有一定的结构和功能，并且这些结构和功能会随着各级各类生物物种的演化而不断变化。这个系统不是一个自给系统，而是需要从外界不断地获取物质和能量，以满足自身的需求，经新陈代谢之后又向周围环境释放出相应物质和能量的系统。系统本身处于相对的动态平衡状态。1949 年，美国学者福格特首次提出"生态平衡"的概念，他把因人类对自然环境的过度开发而引起生态环境的恶化所导致的不利于人的生存与发展的现象概括为"生态失衡"，并由此强调保持生态平衡的重要性。他认为人类必须正视生态失衡的严峻形势，人类正面临越来越严重的环境问题，如"过度砍伐、森林火灾、过度放牧、不良耕作法、种植过度、土壤结构崩溃、地下水位降低、野生动物灭绝等等"①。生态系统平衡是指一个生态系统能够长期保持自身结构和功能的相对稳定性，例如，组成成分和数量比例稳定，没有明显的变动，物质和能量的输入和输出数量接近，这种状态叫生态平衡（李庆华、李松江，2007）。生态系统平衡过程与具体的时空变化和发展相关联，并能实现一定程度上和范围内的自我调节和控制。当人与自然的生态系统达到动态平衡的最稳定状态时，系统本身能够自我调节到最佳状态，维持功能的正常运转，并能保持相对稳定，基本不受外界因素的干扰。若生态系统的自我调节功能被破坏，会引起生态系统失衡，甚至引发生态危机。生态平衡被破坏的原因既有客观上的自然灾害，也有主观上不恰当的人类活动。随着人类改造自然能力的增强，自然被破坏程度的加深，生态系统便会失衡。如何维持生态系统的平衡已成为全人类共同关心的重大问题。全球气候变暖和生物物种减少是导致生态系统失衡的直接原因。由国际资源小组编写的《全球资源展望 2019》认为，近

---

① 威廉·福格特：《生存之路》，张子美译，商务印书馆，1981，第 252–253 页。

半数的全球温室气体排放，以及超过 90% 的生物多样性丧失和水资源短缺现象，都是由于材料、燃料和食品的开采和加工造成的。《2024 年全球资源展望》中指出，如果人类的资源利用方式不向可持续性方向转变，将加剧生态系统失衡风险。

**全球气候变暖**　工业革命的兴起带来经济迅猛发展的同时，也使全球大气中二氧化碳、甲烷等温室气体浓度显著增加，气候变暖，年平均气温上升。全球范围内冰川大幅消融，世界各地酷热、暴雨、台风等极端天气时常发生。极端天气给人类带来了巨大的灾难，使人类损失严重。2018 年的第 22 号台风 9 月经菲律宾，在广东台山登陆时风力高达 14 级，仅中国就有 174400 公顷农作物受灾，其中绝收 3300 公顷，直接经济损失 52 亿元。过去 100 年全球平均气温上升了 0.74℃，最近 50 年气温上升的速度是过去 100 年的 2 倍左右，全球气温升高的速度正在加快。20 世纪全球海平面平均每年上升 0.1~0.2 厘米。全球气候变暖不仅破坏了自然环境，也使生物物种逐渐减少，这些情况的发生对生态系统产生巨大影响。《2024 年全球资源展望》指出，到 2050 年，为使气温升幅保持在 2℃ 以内，全世界的国家和地区需要将超过 30 亿吨的矿物用于风力发电、太阳能发电等。

**森林资源减少**　森林不仅可以净化空气，通过光合作用产生更多的氧气，还可以防风固沙，影响气温的变化，也就是说，森林覆盖率影响着气候变化，对人类的生存产生巨大影响。19 世纪，世界各地的森林资源丰富，热带雨林、原始森林都被保护得非常好，森林随处可见。那时，整个世界的自然生态环境都比现在好很多。然而，21 世纪的今天，地球森林覆盖率仅为 31%，全球森林资源岌岌可危。森林资源的减少意味着人类生存的环境越来越恶劣。《全球资源展望 2019》对 2060 年进行预测，从 2015 年到 2060 年，自然资源的使用预计增长 110%，导致森林面积减少 10% 以上，以及包括草原在内的其他栖息地减少约 20%。森林的破坏导致二氧化碳排放量增加、水土流失、气候异常、旱涝成灾、物种减少等严重后果，同时也给人类带来灾难。如果人类不采取措施保护好现有的森林资源并增加树木的种植面积和数量，那么人类的生存空间将受到挤压。

**生物物种减少**    生物物种是人类社会赖以生存和发展的基础，也是地球存在的根基。生物物种越丰富，则人类的生存条件越好。2018 年 3 月 24 日，联合国框架下致力于保护生物多样性的机构[①]——生物多样性和生态系统服务政府间科学政策平台发布报告，称全球生物物种持续减少，甚至有些生物物种已消失，这严重威胁人类的经济社会发展和食品安全。全球气候变暖和极寒极热等极端天气的频发导致动植物种类大幅减少，湖泊生产力下降 20%~30%。到2050 年，气候变化将导致北美生物物种减少 40%。非洲地区、北美地区和亚太地区的生物物种都在减少。报告指出，在欧洲和中亚地区，有超过 27% 的海洋物种"保护不力"，只有 7%"保护得力"。不可持续的水产养殖和过度捕捞等对海洋生态系统的威胁更大，按目前的捕捞速度，到 2048 年，亚太地区可能陷入无鱼可捕的境地。对生态、文化和经济至关重要的珊瑚礁在亚太地区也受到严重威胁。即便按照气候变化的保守模式估计，到 2050 年，多达九成的珊瑚礁将严重退化。该平台执行秘书安妮·拉里戈德里认为，各地区未能优先制定政策和采取行动去阻止、逆转生物物种消失。自然对人类的供养能力持续弱化，导致所有国家实现全球发展目标能力弱化。联合国粮农组织总干事若泽·格拉齐亚诺·达席尔瓦认为，这些地区的评估再次证明整个世界的生物物种都受到威胁，而生物物种是地球上最重要的资源之一，这给全球经济社会发展带来巨大麻烦，他建议全世界联合起来采取行动。地球上每天有 150~200 个物种灭绝，生物物种急剧减少，这和我们人类的过度开采分不开。《全球资源展望 2019》显示，截至 2010 年，土地利用变化导致全球物种损失约 11%。

保护好我们赖以生存的生态环境，保证子孙后代不会因为环境污染而变得

---

① 过去 3 年间，该机构 550 多名专家对全球 4 个主要地区——美洲地区、亚太地区、非洲地区及欧洲和中亚地区进行了生物多样性调查。结果显示，生态环境压力、过度开采、不可持续的自然资源利用、空气污染、土壤污染、水污染、外来物种入侵和气候变化等导致这些地区的自然承载能力不断下降。

无家可归是我们维护生态平衡的基本目标，也是最终目的。生态系统是在整个世界长期的发展过程中形成的，经历了亿万年形成的复杂生态系统一旦被破坏，就很难在短时间内修复好，需要上百年甚至几百年的时间，因此，我们需要在社会建设过程中保护好生态系统，等到被破坏了才想起来修复为时已晚。生态环境是我们人类生存和发展的根本，生态系统为人类提供繁衍生息的生态环境资源，保护好、维护好现有的生态系统平衡是我们人类的责任。

2. 环境污染的严重性日益加剧

第一次工业革命以来，人类社会面临越来越严重的环境问题，如能源与资源枯竭，臭氧层破坏，生物物种减少，酸雨蔓延，森林面积锐减，草场退化，土地、水、大气污染，固体废弃物污染，水旱灾害频发，等等。由此引发的能源危机、资源危机和生态危机等阻碍着人类的发展。本书主要按环境要素将环境污染划分为大气污染、水体污染、土壤污染、噪声污染、农药污染、辐射污染、热污染（陈其平、张艳、潘海婷等，2018）。

**大气污染** 大气污染悄无声息，没有国界，严重危害着人类的身体健康，也影响动植物的生长发育。据统计，全世界很多人呼吸着污染的空气，污染指数超过世界卫生组织的最小安全值。大气污染日益严重，破坏了人们的生存环境，还有进一步恶化的可能。大气污染导致人类疾病多发，各种跟空气污染相关的疾病越来越多。世界卫生组织报告显示，全球每年大约有200万人死于空气污染所导致的各种疾病，其中一半以上疾病发生在发展中国家，发达国家因为污染转移和污染治理等较发展中国家患病率低。全世界每年排入大气的有害气体为5.6亿吨，每年有30万~70万人因烟尘污染提前死亡，2500万儿童患慢性喉炎（杨薇薇，2018）。大气污染越来越严重，分布范围越来越广。大气污染还有一个特点就是这个国家排放的污染物可能会随着风和气流的走向影响到周边国家和地区，这是很可怕的事。所以，大气污染并不是一个国家的问题，而是需要全球共同面对的问题。

**水体污染** 水体污染现象日益严重，水质不断恶化。人类赖以生存发展的饮用水不仅不安全，而且越来越不能满足人类的需求。全世界有 100 多个国家缺水，其中严重缺水的国家有 40 多个。全世界每年向江河湖泊排放的各类污水约 4260 亿吨。水污染进一步加剧了水资源短缺。到 2025 年，全球将有 1/3 的饮用水面临威胁。水是人类生存和发展的根基，人体 80% 是水。如果水污染得不到有效治理，不仅可供饮用的水越来越少，更重要的是人类的生存发展都成问题。

**土壤污染** 土壤污染严重影响耕地质量、食品安全，甚至影响人类的身体健康。土壤污染又称"隐性污染"。污染物质在土壤中不断累积而超标，土壤污染具有很强的地域性。重金属对土壤的污染是无法逆转的。土壤一旦被污染，将难以治理，而且治理成本非常高。人们在土地上种瓜果蔬菜，土壤中的污染物通过这些农作物进入人体。而人类因为摄入过量重金属，不仅身体越来越差，而且有可能遗传给下一代。

**噪声污染** 噪声主要有工业噪声、交通噪声、工程施工噪声和日常生活噪声等。噪声对人的生理、心理都会产生影响。噪声会引起神经系统紊乱，进而引发神经衰弱、失眠、头晕、记忆力衰退等，严重的会让人烦躁、情绪失控甚至失去理智。随着城市发展速度加快，家用小汽车的数量不断增多，汽车噪声也在增多。城市中的商品房数量呈上升趋势，绿化面积相应减少，加上城市人口增长，噪声污染程度不断加重，导致人类生活质量急剧下降。城镇化的加速发展给人们的日常生活带来困扰，毕竟城市的容纳能力是有限的，当越来越多的人涌入城市生活，噪声污染程度不可避免地加重。人们长期生活在这样的环境中，容易出现烦躁的情绪，甚至会情绪失控。

**农药污染** 农药对于农业的发展十分重要，但农药已经在许多国家造成公害。据世界卫生组织报道，农药污染危害主要集中在发展中国家，农民缺乏科学使用农药的知识，因没有采取必要的安全措施而造成人员中毒和伤亡的事件时有发生，每年有 200 万人因农药中毒，部分人经过及时的医治转危为安，但还是有 4 万人死亡。而这只是因农药中毒而直接死亡的，还有一些是隐性的农药污染受害者，长期食用有农药残留的食物有可能导致流产、癌症、死胎等。据统计，约90%的急性中毒是由有机氯、有机磷和汞制剂等农药引起的。这些数据应该引起人类的足够重视，农药不仅会直接导致人员中毒甚至死亡，还会慢慢地渗入土壤导致土壤污染，甚至造成深层地下水污染。所以各种污染之间都相互影响、相互渗透。人类需要关注因某种污染而带来的其他污染。

**辐射污染** 辐射污染可分为可见和不可见两种。光辐射污染可见，而电磁辐射污染是不可见的。随着科学技术的飞速发展，人类在生产生活领域广泛运用各种辐射谋福利，辐射成为我们日常生活中不可或缺的一部分。然而，许多城市的光污染已经大大超出人体所能适应的范围。我国放射性污染涉及面较广，既有核辐射领域的污染，也有非核领域的污染。防护既涉及天然防护，也涉及生产生活防护。所以，我们要有效防止放射性污染，净化生存环境。

**热污染** 热污染可以污染大气和水体，对水生生物的影响最大，主要原因是工业生产和生活排放的废热会导致相关水域的温度上升。温度一上升，氧气就减少，水生生物容易因缺氧而死。农作物和其他动植物也因温度升高而生长发育迟缓甚至滞长、萎缩。温度升高有可能会引发一些疾病，比如最近几年在温度较高国家发生的热射病。热污染不但对生物的生长和发育产生影响，而且影响人类的健康和工作效率。在高温环境下工作的人员，其工作效率通常比在常温环境下更低。所以，热辐射的影响也是多方面的。温度持续升高，人类要引起重视。全球气候变暖不仅使海平面不断上升，还有可能影响人们的工作效率和日常生活质量。温度高的时候，人的食欲也会下降，常年高温的国家的人通常比较瘦小。热污染既影响生物的生长，也影响人类的繁衍生息。

各种各样的污染时时刻刻威胁着人类的生命安全。如果不保护好赖以生存的环境，那么总有一天我们会无家可归，甚至无法在地球上生活。只有消除污染源，我们才能呼吸到新鲜的空气，喝上洁净的水，才能拥有幸福、和谐、美丽的家园。从这点来说，人类应该携起手来共同构建人类命运共同体，共同建设全球生态文明。

### 3. 全球资源的短缺日益凸显

从当前全球的能源状况来看，发达国家人均能耗超过发展中国家。资源短缺问题日益凸显，人类社会的发展正遭遇资源短缺的瓶颈。调查显示，人类所需的能源 97% 来自不可再生的矿物能源。生态问题专家分析，全球的经济发展正是因为受到资源短缺的制约才越来越缓慢。全球资源短缺主要表现在能源矿产资源短缺、水资源短缺、土地退化沙化明显、森林资源锐减等方面。《全球资源展望 2019》称，在刚刚过去的半个世纪里，世界人口总数增长了一倍。由于人口的增长，资源消耗量急剧上升。截至 2017 年，全球每年的资源开采量达 920 亿吨。按照这样的增长速度计算，到 2060 年时，这一数字将翻倍。人类可能面临无矿可采的窘境。

**能源矿产资源短缺**　从当前全球经济发展的状况看，随着经济社会的发展，资源枯竭的问题日益严重。"人类所需能源的 97% 来自不可再生的矿物资源，其中石油和天然气又占 59.2%。……石油将在 2030—2050 年宣告枯竭。"[①]据《全球资源展望 2019》可知，煤炭可使用 200~300 年，按照目前的开采规模和速度，不加以控制的话，2020 年，地球上的大多数矿产资源包括铜、铝、锡、锌、金、银等可能会被开采完毕。全世界金属矿的使用量自 1970 年以来每年增加 2.7%，化石燃料的使用量从 1970 年的 60 亿吨增加到 2017 年的 150 亿吨，生物质从 90 亿吨增加到 240 亿吨。

**水资源短缺**　相关资料显示，地球表面面积的 71% 被水覆盖，总储水量 13.86 亿立方千米，非常丰富。但地球上的水有 97.5% 已被盐化，大部分不能直接用于生产和生活。地球上可供人类利用的淡水资源仅占全球水资源的 2.5%，而且，大部分淡水是固体冰川，分布在南北两极，离我们人类生活的中心区域较远，就世界目前的科学技术条件而言，还无法大规模直接或者通过科学技术

---

① 贾卫列、杨永岗、朱明双等：《生态文明建设概论》，中央编译出版社，2013，第 80 页。

手段来利用这些固体冰川。人类目前能够普遍利用的水资源主要是淡水资源，而淡水资源又主要包括河流水、淡水湖泊水以及浅层地下水，这些可供人类利用的淡水资源全部加起来不足全世界淡水总储量的 1%，占全球总水量的十万分之七。据统计，目前全球约 15 亿人口面临淡水不足，主要集中在 26 个国家和地区，其中有 3 亿人口处于极度缺水状态。为了满足用水需求，不少国家和地区加快了地下水的开采速度，使得开采速度远超补给速度。此外，全世界每年约有 4200 亿立方米污水流入江河湖海，污染了将近 5.5 万亿立方米的淡水，占全球径流量的 14% 以上。发展中国家平均每年有 2500 多万人因饮用不洁水而死亡，全世界平均每天约有 5000 名儿童因饮用不洁水而死亡。

**土地退化和沙化明显**　根据联合国环境规划署公布的数据，半个世纪内，非洲有 36 个国家面临土地荒漠化的问题。截至 2017 年，全球旱地面积已经占总面积的 40%，土地沙化甚至荒漠化给人们的生产、生活造成了巨大影响，其中耕地面积退化明显，影响了农作物的收成。地球上 1 亿 4800 万平方公里的陆地中大约有 3100 万平方公里是可耕地，由于热带雨林的过度砍伐，可耕地面积正以每年 10 万平方公里的速度流失。全世界现有的可耕地约占地球陆地总面积的 10%，其中以美国、加拿大、印度和中国等国的耕地面积占比较大。但由于森林减少、土壤污染、土地沙漠化等问题，全世界土地资源的数量和质量正在不断下降。土地退化严重，并不断遭受侵蚀，农田被侵占，世界上每年有数千万亩农田被工业及交通运输业等侵占。

**森林资源锐减**　全球超过 50% 的森林资源集中分布在 5 个国家，资源分布不均衡。此外，全球森林覆盖率较低，森林覆盖率为 22%。20 世纪以来，世界每年约减少 1000 万公顷森林。虽然目前森林退化和消失的速度有所减缓，但每天仍有将近 200 平方公里的森林消失。据报道，2023 年，全球约 370 万公顷热带雨林遭到破坏。世界自然保护联盟（IUCN）评估显示，截至 2023 年，约 30% 的热带树种濒临灭绝（包括"易危、濒危、极危"级别）。对橡胶和棕榈油需求的逐渐增长，以及大豆种植面积、农场和其他农产品生产的扩大，导致一些意想不到的地区也出现了林地面积缩小的现象。森林的大面积消失导致肥沃土壤不断减少，进而影响了粮食安全。

资源并非取之不尽用之不竭，人类可利用的资源大多数为不可再生资源，即便有的资源可以再生也需要较长的时间。保护好自然环境资源是全人类共同的责任。建设全球生态文明是全人类共同的责任和义务，也是人类繁衍生息的前提。

## 二、国内背景：新时代中国经济社会发展的新要求

我国自改革开放以来，经济社会发展取得了举世瞩目的成就，不仅解决了人民的温饱问题，贫困人口全部脱贫，达到了全面小康水平，而且计划到2050年实现全面建成中国式现代化国家的战略目标。与此同时，我国面临经济快速发展带来的后果，即资源短缺、环境污染、生态破坏等问题。建设人与自然和谐共生的现代化，实现碳达峰碳中和，对我国经济社会发展的转型发展提出了更高要求。面对人口、资源、环境的压力以及新的战略目标和要求，在新时代发展要求的战略指导下，大力推进生态文明建设，还人民群众一个良好的生态环境，是我们应该坚持的根本立场和发展方向。

### 1. 粗放型发展方式消耗了大量资源

改革开放40多年来，我国经济一直保持、高质量发展。2010年我国跃居世界第二大经济体，仅次于美国。但这是建立在传统的不平衡、不协调、不可持续的粗放型经济发展模式之上的，单位GDP资源消耗大，环境污染较重。我国粗放型经济增长方式的形成可以追溯到新中国成立初期的计划经济时代。新中国成立后，整个世界被划分为"以苏为首"和"以美为首"的两大阵营。为了尽快摆脱国内贫穷落后的面貌，恢复工业生产和建设，提升经济发展实力，我国实施了"赶超"计划，重点发展内地城市的重工业。而在实际发展过程中，我国由于工业基础薄弱、产业技术支撑不足，采用了资本、能源、原材料、劳动力等高投入量、低转化率的经济发展模式，这为我国经济发展埋下

了隐患。在全球生态环境问题日益严重、世界环境保护意识增强的今天，这种发展模式已经难以为继。长期以来，我国单位 GDP 所需要投入的资金、劳动力、资源等一直居高不下，远高于发达国家，而单位产出率长期低于世界平均水平。粗放型的增长方式势必会使我国资源人均占有量低于世界平均水平。因此，我国必须转换单纯靠资本、劳动、资源的大量消耗所带来的低产出模式，急需走一条低能耗高产出的发展之路。

转变经济发展方式既是经济发展的内在要求，也是能源、资源短缺所致。粗放型增长的主要特征是高投入、高消耗、高排放、不协调、难循环、低效率，其能源消耗大、产出效率低，对生态环境破坏严重。长期实行粗放型经济增长方式导致我国大量的能源资源被消耗，严重制约了我国经济的发展速度和质量。"从资源消耗总量看，1990—2011 年中国石油消费量增长 100%，天然气增长 92%，钢增长 143%，十种有色金属增长 276%；2003 年我国消耗的各类国内资源和进口资源约合 50 亿吨，原油、原煤、铁矿石、钢材、氧化铝和水泥的消耗量分别为世界的 7.4%、31%、30%、27%、25% 和 40%。"[1]

"从产出效率来看，我国单位产值能耗是世界平均水平的 2 倍多，分别是美国、欧盟、日本的 2.5 倍、4.9 倍、8.7 倍，比印度多 43%；我国石化、电力、钢铁、有色、建材、化工、轻工纺织等 8 个行业主要产品单位能耗比国际平均水平高40%……我国经济增长成本高于世界先进水平 25% 以上，1 万亿美元 GDP 的能耗是日本的 6 倍。"[2] 目前，我国产业结构仍然存在不合理的现象，高新技术产业劳动人口所占比重较低，一些传统产业还处于劳动密集型的状态，产业结构仍存在很大的问题。虽然产业结构得到了调整，但是农业基础仍旧薄弱，农产品的供给仍然难以满足人民群众的生活需要，有一些农产品需要大量进口，制约了国内其他相关产业的发展。第三产业服务业的发展需要加强，与工农业的发

---

① 赵建军：《我国生态文明建设的理论创新与实践探索》，宁波出版社，2017，第 56 页。
② 赵建军：《我国生态文明建设的理论创新与实践探索》，宁波出版社，2017，第 56 页。

展不匹配，服务行业从业人员相对第二产业仍然存在整体素质不高的情况。工业产业从业人员的素质仍旧不高，科学技术的创新能力有待加强。城乡、区域、经济社会发展仍不平衡，人口主要集中在大中城市，农村人口越来越少。这不仅加重了城市的负担，也让农村的发展陷入尴尬的局面。

长期以来，我国单纯追求 GDP 的增长，并没有将环境污染纳入国民经济核算体系，也没有将其放在重要的位置加以重视，而是盲目追求高速度的经济增长，继续走西方发达国家所走过的"先污染后治理"的道路。环境污染直接危害到了人民群众的生产生活与身体健康，甚至对人们的生存造成了极大的影响。党的十七届五中全会强调转变经济发展方式，是基于我国基本国情和经济发展阶段特征的准确判断。如何处理好生态环境问题和经济发展之间的关系是我国需要思考的主要问题。只有加快转变经济发展方式，经济和社会发展才会有长足进步。党的十八大以来的生态文明建设正是对这一问题思考之后的实际行动。在经济发展过程中，我们认识到经济发展成绩可喜，但是经济发展中存在一系列问题，如资源浪费、环境污染、能源枯竭等，都在提醒我们经济发展的不平衡、不协调以及不可持续性，产业结构亟待优化升级。整体而言，科技创新能力和高新技术产业的发展有待加强，工业发展中存在的粗放型发展方式需要转变。因此，我国必须转变经济发展方式，走人与社会、环境、资源和谐发展的生态文明建设现代化的道路。

2. 生态危机和资源危机凸显

目前我国是一个人均资源占有量普遍低于世界水平的发展中国家，人口、资源、环境问题随着经济社会的不断发展而日益严重。传统的粗放型发展模式给我国的可持续发展带来了困扰。化石能源燃烧带来的环境污染、臭氧层空洞、草地和森林退化、资源短缺等问题严重制约着我国经济的发展。

**水资源短缺**　我国人均水资源占有量偏低，仅有 2100 立方米，大约是世界平均水平的 28%。一些地方在开发、利用水资源时没有进行合理的规划设计，大量挤占生态用水，造成湖泊萎缩、水污染严重。据统计，全国有近 2/3 的城市不同程度缺水，而且时空分布不均衡，南方雨水多、北方缺水严重，春夏雨水多、秋冬雨水少，每年发生的水旱灾害影响上千万人口，造成巨大的直接经济损失和间接经济损失，而且洪涝灾害频发。《2012 中国水资源公报》显示，全年水资源总量 29528.8 亿立方米，全年平均降水量 688.0 毫米，比常年值（多年平均值）偏多 7.1%；全年总供水量 6131.2 亿立方米，比上年增长 0.8%。其中，生活用水占 12.1%，工业用水占 22.5%，农业用水占 63.6%，生态补水占 1.8%。生活用水增长基本与上一年平衡，工农业用水增长较多，生态环境补水有所减少。万元国内生产总值用水量逐步得到控制，而人均用水量有所上升。2012 年，中国海洋环境质量状况总体较好，近岸海域水质一般，主要超标指标为无机氮和活性磷酸盐。从统计数据来看，整体情况有所好转，而且水土流失得到了有效治理，新增面积大，不仅会减少自然灾害的发生，还能留住土壤中的营养成分，增加肥沃程度。

　　但是，令人担忧的是全国饮用水安全问题主要集中在农村，有近 2 亿农村居民面临饮水安全问题。小型水库的安全问题也不容忽视，容易给周边居民的生产生活造成不利影响，蓄洪区内群众的生活长期处于不稳定状态。"八万三千座小型水库中有四万多座病险水库存在威胁周边居民生命财产安全的严重隐患。"[1]2010 年 8 月，甘肃舟曲因强降雨引发泥石流，导致嘉陵江上游白龙江形成堰塞湖，一个村庄被泥石流整体淹没，250 万平方米区域被夷为平地，超过 5 万人在此次灾难中身陷险境，受灾群众缺少生活必需的饮用水和食物。《2012 中国环境状况公报》显示，2012 年，我国分四批计划下达农村饮水安全工程建设资金 431.6 亿元。其中，中央资金 280 亿元，地方资金 151.6 亿元，用于解决 7700 多万农村居民和 950 万农村学校师生的饮水安全问题，截至 2012 年底，已解决 7000 多万农村居民和学校师生的饮水安全问题。《第三次全国农业普查主要数据公报（第四号）》显示，2017 年，全国农村饮用水情况进一

---

[1] 《胡锦涛文选》（第三卷），人民出版社，2016，第 548 页。

步好转，有近五成的农户已经喝上了经过净化处理的自来水，还有四成多的农户饮用的是受保护的井水和山泉水，一小部分人的饮用水为不受保护的井水和泉水。

我国水资源面临利用效益差、浪费严重、水污染严重等问题，不少地区水污染严重，令人担忧，主要表现为：支流向干流延伸，支流污染严重时，污水直接汇入主干河流，造成更大的污染；城市向农村蔓延，城市的部分工业生产迁到农村，又造成了农村水源的污染；地表向地下渗透，有的非法企业甚至直接将排污管道埋入地下造成深层地下水污染；陆地向海洋发展，人类的生活垃圾不仅污染了土地，还对海洋生物和水质造成污染。令人担忧的是全国工业废水和生活污水有八成直接排入了江河湖海，而且污水、废水的排放量每年都在增加，对生态环境建设构成严峻挑战。本来人均拥有量就低的水资源，被工业废水和生活污水污染，就更加紧缺。水资源短缺已成为制约我国社会经济发展的重要因素，是全面建成小康社会的瓶颈之一，如果再不重视水污染问题，未来社会将出现无水可饮的尴尬局面。因此，我国需要高度重视水污染防治，水资源是经济社会可持续发展的重要保障。

**能源资源短缺**　我国是矿产资源大国，幅员辽阔，地质结构复杂，成矿条件优越，矿产资源丰富。我国矿产资源的特点是：贫矿多，富矿少；难选矿多，易选矿少；共生矿多，单一矿少。

据国家统计局统计，2012 年全国能源消费总量 36.2 亿吨标准煤，同比增长 3.9%，能源消费结构为：煤炭占 66.6%，石油占 18.8%，天然气占 5.2%，水电、核电、风电等占 9.4%。中国能源消费以煤炭为主，占总消费的七成左右，石油约占两成。《2017 中国生态环境状况公报》数据显示，2017 年，全国能源消费总量 44.9 亿吨标准煤，比 2016 年上升 2.9%，能源消费总量呈上升趋势，煤炭消费量有所下降，清洁能源消费量呈上升趋势，天然气、水电、核电、风电消费量均有所上升，全国万元国内生产总值能耗比 2017 年下降 3.7%。总的来看，清洁能源消费量所占比重呈上升趋势，单位生产能耗呈下降趋势，但能源消费对煤的依赖程度仍然居高不下。而我国的煤炭总体质量不高，需要靠进口动力煤、焦煤这些高质量的煤来满足经济发展需要。还有一个非常重要的、不容忽视的现象就是我国的汽车销量逐年增加，汽车消耗大量原油资源，容易造成环境污染。因此，倡导绿色出行，减少尾气排放是非常有必要的。

**土壤污染**　2005年4月至2013年12月，我国开展了首次全国土壤污染状况调查。2014年《全国土壤污染状况调查公报》显示，全国土壤总和点位超标率为16.1%，其中轻微、轻度、中度和重度污染点位比例分别为11.2%、2.3%、1.8%和1.1%，主要污染物为镉、镍、铜、砷、汞、铅、滴滴涕和多环芳烃等。我国受重金属污染的耕地面积占总耕地面积的两成，其中工业"三废"又污染了这两成中的一半耕地面积。耕地污染已经成为困扰我国农业生产的大问题。耕地污染问题如果得不到及时的解决，我国基本粮食的供给将是一个大问题。党的十八大以来，我国逐年加大了保护耕地数量和质量的资金投入，情况虽然有所好转，但耕地面积仍然呈现逐步递减的趋势。除耕地之外，我国的工矿区、城市也存在土壤污染问题，由农药和有机物污染、放射性污染等其他类型的土壤污染所导致的经济损失难以估计。我国土壤污染状况已经严重影响耕地质量，《2017中国生态环境状况公报》显示，低等地（耕地质量等级的第七级到第十级）耕地面积为5.59亿亩，占耕地总面积的27.6%。耕地不仅受重金属的污染，而且因为人们滥用农药化肥等，土壤肥力不断降低。此外，我国土壤污染中的有毒化学品和重金属污染正在从工业向农业转移、由城市向乡村转移、由地表向地下转移、由水土污染向食物链污染转移。

**大气污染**　《2012中国环境状况公报》显示：2012年，地级以上城市环境空气质量达标（达到或优于二级标准）城市比例为91.4%，与上年相比上升2.4个百分点。其中，海口、三亚、兴安、梅州、河源、阳江、阿坝、甘孜、普洱、大理、阿勒泰等11个城市空气质量达到一级。超标（超过二级标准）城市比例为8.6%。《2017中国环境状况公报》显示，2017年的空气质量较2016年有所好转，但不达标的城市仍然占七成以上，情况堪忧，在监测的338个地级及以上城市中，城市空气质量达标的城市只有三成不到，未达标的城市是达标城市的两倍还多，可喜的是空气中的细微颗粒物有所下降。

我国的生态文明建设取得了一定的成效，但资源、环境问题是头等重要的大事，不容忽视。节约资源、保护环境并不是某一部分人的事情，而是全国人民共同的责任和义务。树立正确的自然资源观，建设生态文明，保护好自然生态环境任重道远。

### 3. 全面建成小康社会的目标要求

2012 年 11 月，党的十八大在党的十六大、党的十七大的基础上，对我国经济社会发展的实际进行了新的科学判断，提出了新的要求，将全面建设小康社会的目标上升为到 2020 年全面建成小康社会。党的十八届三中、四中、五中全会分别围绕"全面深化改革""全面推进依法治国""'十三五'规划"等主题，对我国的经济社会发展进行了整体、系统、科学的部署和谋划。2014 年 12 月，习近平总书记在江苏调研时提出"四个全面"战略布局，把"全面建成小康社会"作为"四个全面"战略布局的目标引领，并强调"全面建成小康社会"是"实现中华民族伟大复兴中国梦的关键一步"。这表明了我党对全面建成小康社会的高度重视，也表明了我党全面建成小康社会的决心和信心。习近平总书记强调："人民身体健康是全面建成小康社会的重要内涵，是每一个人成长和实现幸福生活的重要基础。"[①] 人民身体健康是全面小康的重要组成部分，一方面，人民拥有了健康的身体才能更好地建设小康社会，才能早日实现全面建成小康社会的目标；另一方面，人民拥有了健康的身体才能更好地享受全面小康带来的社会发展成果，享受美好生活。人民既需要良好的物质生活，也需要良好的精神生活，不仅要创造美好的幸福生活，还要好好享受生活。党的十八届五中全会在"十三五"规划中进一步提出了全面建成小康社会的目标要求，即经济保

---

① 《发展体育运动增强人民体质　促进群众体育和竞技体育全面发展》，《人民日报》2013 年 9 月 1 日。

持中高速增长以及生态环境质量总体改善。这表明我党对我国社会主义现代化发展阶段性目标的认识得到进一步深化和拓展，中国特色社会主义理论更加丰富，不但要求经济发展要跟上，还要求保护好自然生态环境。只有经济发展好了，生态环境也保护好了，人民身体健健康康，才算真正实现了全面小康。

全面建成小康社会的实现，关键在于人口发展与经济社会发展的协调统一。首先，我们来了解下人口总数和构成情况。据《中国统计年鉴 2018》统计，2017 年末，全国有 139008 万人，人口较上一年有所增长，常住人口和城镇化率都有所提高，出生人口有所增加；全国 60 周岁及以上的老龄人口 24090 万，占总人口的比重达 17.3%，其中 65 周岁及以上的老龄人口有 15831 万，占 11.4%，老龄人口也在增加。由以上数据不难看出，我国的人口增长速度较快，而且人口老龄化增长速度快，老龄人口占总人口比重高，人口老龄化将给我国的经济社会发展带来较大的负担。随着总体生活水平的提高和医疗服务的完善，老龄人口所占的比重可能出现继续增长的态势。这也是全面建成小康社会发展道路上需要高度重视的问题。

中国现阶段人口比例整体失衡，经济发展对自然资源尤其是矿产资源的依赖程度高，而中国高科技领域对国外科学技术的依赖程度也较高，全面建成小康社会的难度也因此加大。党和政府高度重视这些问题，在全面建成小康社会的战略部署中一直强调相关领域的发展。从党的十八大到党的十九大，再到 2018 年、2019 年召开的两会，无一不把全面建成小康社会作为重要的战略目标和任务，把脱贫攻坚落实到具体的行动中，落实到个人的工作中，下决心解决好脱贫这一大难题。

除了提高人民生活水平，生态环境质量总体改善也是全面建成小康社会的重要内容。小康社会是生态文明的社会，全面建成小康社会包含了保护生态环境这一内容。习近平总书记在参加十二届全国人大二次会议贵州代表团审议时指出："小康全面不全面,生态环境质量很关键。"[①] 要全面建成小康社会,就必须下决心改善生态环境,与损害生态环境的行为作坚决斗争。

## 第二节　国内外政治环境的变化推动了生态文明理论与实践的发展

自 1978 年德国法兰克福学派政治学学者林·费切尔提出"生态文明"一词以来,自然生态环境的发展与政治的联系日益紧密。生态文明作为一种人类文明的新形态,无论在国内外的政治发展还是在人们的日常生产生活中,其地位和作用日益凸显。

2008 年国际金融危机后,世界各国尤其是西方发达国家为了尽快实现经济复苏,以及应对气候变化、能源资源危机等挑战,纷纷提出了"绿色新政""绿色经济""绿色增长"等政策理念,这一趋势慢慢演变成一场新的国际话语权的斗争。相比之前的发展方式,绿色发展是一场革命性的变革,是全方位的立体式的变革。生态文明建设绝不仅仅是"种草种树""末端治理"这么简单,而是要人们彻底转变经济社会发展观念,并将实际行动付诸社会建设实践中。党的十八大以来,随着经济的不断发展、人民生活水平的提高以及全球生态文明建设的呼声日益高涨,我国生态文明建设逐渐成为国内政治、经济、文化、社会治理和国际治理、全球博弈交织在一起的综合性课题,成为衡量"五位一体"总体布局是否全面、协调,"四个全面"战略布局是否合理的重要内容。

### 一、国内生态治理理念的发展

改革开放 40 余年,我国经济发展的重心逐渐从内地转向沿海城市,经济的

---

① 中共中央文献研究室编:《习近平关于社会主义生态文明建设论述摘编》,中央文献出版社,2017,第 8 页。

发展内容也从重工业占较大比重转向以轻工业和第三产业为主。这40余年的发展又可以划分为三个阶段：第一阶段为1978—1992年，即从党的十一届三中全会召开到党的十四大召开，可称为"对外开放阶段"。这一时期重点解决人民群众的温饱问题，开启了中国特色社会主义经济建设的新时期，社会生产力水平逐步提升，生产关系也从单一的计划经济逐步发展为有计划的商品经济并向市场经济转变。人们的生活开始丰富起来。第二阶段为1992—2007年，即从党的十四大召开到党的十七大召开，这一阶段为"初步全面发展阶段"。中国开始在世界经济发展中贡献自己的一份力量。这一时期的社会主义市场经济体制建立并逐步发展和完善。人们从事生产的积极性、主动性得到了大幅提升，生活水平得到了进一步改善。人们在追求基本物质的同时，开始注重精神需求。第三阶段为2007年至今，中国经济步入"走向世界阶段"。中国在国际舞台的地位不断提升，中国特色社会主义展现出强大的力量，物质产品日益丰富的同时，人们的精神文化生活也随之丰富起来，对美好生活的向往和追求成为人们生活的主旋律。我国的经济社会发展理论不断发展。

随着中国特色社会主义建设的不断深入，中国特色社会主义理论的内涵和外延也发生了深刻转变。"马克思主义具有与时俱进的理论品质"[1]，马克思主义中国化的过程就是马克思主义理论根据实际不断进行创新的过程。纵观新中国成立以来，尤其是改革开放以来，我国始终秉持与时俱进的理论品质，并且把马克思主义的基本理论与不断发展的新形势相结合，坚持用理论来解决发展中出现的新情况、新问题，在实践中丰富和发展马克思主义。党的十九大将党的十八大以来以习近平同志为核心的党中央的智慧概括为习近平新时代中国特色社会主义思想。习近平新时代中国特色社会主义思想是中国特色社会主义理论体系的重要组成部分，也是马克思主义中国化的最新理论成果。这一理论成果凝聚了几代中国共产党人带领人民不懈探索实践的智慧和心血，进一步丰富和

---

① 江泽民：《在庆祝中国共产党成立八十周年大会上的讲话》，人民出版社，2001，第26–27页。

发展了中国特色社会主义理论体系。

### 1. 党的治国理政思想的发展与创新

创新不仅是民族进步的不竭动力，也是马克思主义中国化的本质属性和要求。推动马克思主义中国化，必须坚持解放思想、开拓创新。邓小平强调："不以新的思想、观点去继承、发展马克思主义，不是真正的马克思主义者。"[①]江泽民指出："创新是一个民族进步的灵魂，是一个国家兴旺发达的不竭动力，也是一个政党永葆生机的源泉。"[②]

改革开放以来，我党运用马克思主义原理和方法开拓创新，不断解决改革发展过程中遇到的新情况、新问题，创造了一系列马克思主义中国化的理论成果。从邓小平提出的建设有中国特色社会主义理论，到江泽民提出的"三个代表"重要思想，再到胡锦涛提出的和谐社会理论和科学发展观，再到马克思主义中国化的最新理论成果习近平新时代中国特色社会主义思想，全部是坚持理论创新而取得的丰硕成果。习近平总书记强调，创新应该至少包含四个方面的内容，即理论创新、制度创新、科技创新和文化创新。中国新时代生态文明理论就是对党的几代领导集体关于环境保护与建设思想的创新、继承与发展。

20世纪50年代，以毛泽东同志为核心的党的第一代中央领导集体发出了"绿化祖国""实行大地园林化"的号召。周恩来主张"青山常在，永续利用"。这都是森林资源保护和建设的重要方向，表明了我国领导人重视生态建设和自然环境保护。1950年召开的第一次全国林业业务会议确定了"普遍护林，重点造林，合理采伐和合理利用"的林业建设总方针。1972年，中国派出代表团参加第一次国际环保大会，可见我党对环境治理和保护的重视。紧接着，1973年，第一次全国环境保护会议召开，审议通过了32字环境保护工作方针：全面规划、合理布局、综合利用、化害为利、依靠群众、大家动手、保护环境、造福人民。

---

① 《邓小平文选》(第三卷)，人民出版社，1993，第292页。
② 《江泽民文选》(第三卷)，人民出版社，2006，第537页。

此次大会的召开是我国环境保护事业上的重大事件，为后来的环保工作开辟了新道路。会议结束后，中央政府决定在当时的城乡建设部设立一个管环保的部门，为今后进一步加强、规范自然生态环境保护和建设奠定了基础。

以邓小平同志为核心的党的第二代中央领导集体，更加重视生态环境保护工作，将治理污染、保护环境上升为基本国策，并着手推进环境保护的法治化工作。1978 年，邓小平根据我国法律制度，提出了集中力量制定各种必要的法律的主张。国家善治的前提就是法律法规的完善。除了立法，他还强调加强司法监督，做到有法可依、有法必依、执法必严、违法必究。之后，我国陆续制定、颁布和实施了有关森林、草原、环境保护、水等的法律法规。这些法律法规的颁布和实施，为保护、利用、开发和管理生态环境和资源提供了强有力的法律保障。邓小平还对林业建设作出了重要指示和要求——"坚持一百年，坚持一千年，要一代一代永远干下去"。自此，我国三北防护林建设工作开始了。如今，经过一代又一代造林护林人的不懈努力，环境治理和保护工作已经初见成效。这是我党长期坚持植树造林、保护自然生态环境的最好见证。

以江泽民同志为核心的党的第三代中央领导集体进一步提出绿化祖国、退耕还林、再造秀美山川的响亮号召。针对我国西部生态环境恶劣的客观事实，党中央于 1999 年 12 月开始实施西部大开发战略，坚决做好保护和改善生态环境工作，促进可持续发展，走生态良好的文明发展道路。江泽民强调，只有坚持不懈，一年复一年地把植树造林工作做好，才能有效地遏制水土流失、防止土地沙漠化，才能为人民造福。

新世纪新阶段，以胡锦涛同志为总书记的党中央领导集体继续坚持和发展中国特色社会主义，提出坚持以人为本、全面协调可持续的科学发展观，主张加快生态文明建设，形成中国特色社会主义事业总体布局，着力保障和改善民生，推进党的执政能力和先进性建设。党中央把统筹人与自然和谐发展作为科学发展观的核心内容和重要组成部分。这一统筹要求我们正确看待人与自然之间的关系，人类对自然的认识和改造要以整体上把握人与自然的关系为基础。因为人与自然是一个整体，相互联系、相互依存。

中国特色社会主义改革实践不断丰富、拓展中国特色社会主义理论体系。党的十八大以来，习近平总书记就生态文明建设做了一系列重要论述，深刻、系统、全面地阐述了我国生态文明建设面临的一系列重大理论和现实问题，标志着社会主义生态文明从思潮到社会形态的真正转变。这一标志的核心就是中国特色社会主义事业"五位一体"总体布局的完善和发展。党的十八大把生态文明建设纳入中国特色社会主义事业总体布局，将传统的经济建设、政治建设、文化建设和社会建设"四位一体"总体布局拓展为包括生态文明建设在内的"五位一体"总体布局。这标志着党对中国特色社会主义规律认识的进一步深化，同时也表明我党抓好生态文明建设的坚强决心。党的十八大对生态文明的论述成为经济社会发展的导向，涉及方方面面，既涉及生产方式和生活方式的根本变革，还涉及思想观念的深刻转变、利益格局的深层次调整和发展模式的转变。

党的十九大报告在党的十八大报告的基础上重点论述了生态文明建设的阶段性成就、指导思想和战略部署，进一步明确和凸显了新时代中国特色社会主义生态文明建设新的时代背景、发展依据、外部条件和政治保证，从理论和实践上更加系统地阐述了新时代中国特色社会主义生态文明建设理论和实践的全景全貌，成为不断巩固和深化人与自然和谐发展的政治宣言和行动指南。

党的二十大报告重点论述了推动绿色发展的四个主要方面，即加快发展方式绿色转型，深入推进环境污染防治，提升生态系统多样性、稳定性、持续性，积极稳妥推进碳达峰碳中和，进一步明确了新时代中国特色社会主义生态文明建设的重要内容。

2. 新时代中国特色社会主义建设实践和环境人文社会科学的发展

新时代中国特色社会主义建设推动着国家治理体系和治理能力建设向现代化方向转变。这既是为了满足人民群众的生产生活需求，也是从国家长远发展角度做出的战略选择。生态文明建设既是理论长期发展的结果，也是社会发展的现实需要。

　　20世纪80年代初，随着生态环境保护的呼声越来越高，传统人文社会科学开始对当代生态环境问题进行各方面的回应，并逐渐形成了新兴、交叉和边缘学科融合在一起的环境人文社会科学，大致包括环境法学、环境政治学、环境伦理学（美学）、环境哲学、环境经济学、环境文学、环境艺术、环境史学、环境社会学和环境教育学等，还包括理工类的以环境科学与工程科学为主要内容的一些明显具有人文社会科学属性的分支学科。环境人文社会科学研究的领域日益扩大，研究队伍不断壮大。

　　迄今为止，环境人文社会科学逐渐形成了"浅绿""红绿""深绿"等生态文明理论。持"浅绿"观点的学者认为，切实解决具体的生态环境问题，无论从国家制度层面还是个人价值观层面都很难实现，最有效的办法就是通过经济技术手段与公共政策管理的渐进革新来实现。"红绿"派认为，资本主义制度与保护生态环境之间存在根源性的矛盾，无法通过制度的改良来实现保护生态环境的目标，而需要在生态马克思主义思想的指导下，通过资本主义社会中经济与政治制度的根本性变革与重建来实现。"深绿"派则认为，要真正解决生态环境问题，单纯依靠制度变革无法实现，依赖的是个人自觉地把自身的生产、生活和消费置于自然生态这一整体中来考虑，在价值观上转变为生态中心主义，只有人类的觉醒即价值观念的转变才有可能实现保护生态环境的目标。

　　我国当前的整体情况是，经济社会的发展已经进入环境高风险期，污染问题不再是单纯的某个地方或者是某个企业的问题，已经从单一性污染问题转变为布局性、结构性污染问题，威胁的往往是数以百万计民众的安全。2010年8月7日的甘肃舟曲特大泥石流就是一个例证，泥石流长约5千米，流经区域被夷为平地，其带来的后果不可小觑。环境问题导致一些地方政府与民众关系紧张。一方面，政府为了追求经济的快速增长，引进一些高污染企业；另一方面，老百姓为了自身的生命财产安全，不希望引进这些企业。双方的利益诉求不能达成一致，久而久之，就会引发矛盾，如果处理不好的话，矛盾就会升级、激化。

新时代中国特色社会主义建设需要从生态政治学的高度充分认识人与自然和谐共生对于社会和谐的极端重要性，需要深入分析生态危机发生的深层次政治因素；需要转变观念，增强人们的生态政治意识与责任感，营造科学合理的生态政治氛围，使人人积极参与生态政治建设。要想整个社会实现根本性好转，首先，人们的观念需要转变，思想是行为的先导，整个社会需要摒弃传统、落后的观念，树立绿色、科学的思想观念。观念的转变不是一朝一夕的，需要一个过程。其次，人们的行为方式也需要改变，要将五大发展理念贯穿日常生产生活中。只有思想和行为一起发生变化，才能更好地建设生态文明。政府要为广大人民群众创造良好的生态环境，这既有利于生态生产力的发展，又有利于绿色生态生活空间的拓展；此外，政府还需要做好企业和人民群众的思想工作，推动全社会形成绿色的生产方式、生活方式和消费方式。

新时代的生态文明建设为国家治理现代化提供了重要方向，反过来国家治理在实现中国特色社会主义现代化的同时又会推动生态文明建设。两者相互促进，共同向前发展。中国的经济社会发展为人类文明的发展作出了重要贡献，推动了世界经济朝着更好的方向发展，为人类文明的发展贡献了中国智慧和中国方案。党的十八大以来，中国新时代生态文明理论逐渐形成并发展，是中国特色社会主义理论发展的最新成果，体现了党中央关于中国道路的绿色发展规划。中国新时代生态文明理论是一种基于"五位一体"总体布局的综合性认知与实践要求的顶层设计，既是目标也是方法，从系统性、全局性的高度提出了解决当代中国生态环境问题的方案。中国新时代生态文明理论不仅是解决中国的生态环境问题的理论，也从人类命运共同体的高度对全球生态环境问题发出了重要倡议，是社会主义建设的重要遵循。

## 二、国际生态治理理念的转变

当今时代，环境问题已经不单是技术方面的问题，还是一个严肃的国际政治问题。生态问题是人类不合理的开发和利用自然资源导致的，生态系统的失衡已经影响到人类的生存和发展。生态问题影响的不只是局部地区的发展和当地人的生活，随着生态的不断恶化，它会逐渐延伸开来，成为影响全人类生存和发展的大问题。生态环境问题自然而然地上升为国际性的政治问题。20世纪80年代以来，随着人类改造自然、利用自然的深入，环境问题已经跨越国界，从个体化演变为整体化，从区域化演变为全球化。与此同时，环境问题不再局限在环境保护领域，还逐渐渗透到政治、经济、社会发展等各个领域。从时空方面来看，环境问题无处不在、无时不有，而且，自然生态环境越来越差，自然已无法承受人类无休止的开发与建设。过度地开发和利用带来了严重的环境问题，极大地影响了经济和社会的可持续发展。因此，各国政府和组织要加强沟通和协调，把环境问题纳入多边合作计划，通过环境立法来调整和规范各国的行为。

生态安全是人类的诉求，无论是发达国家的人民还是发展中国家的人民都渴望生活在一个优美的环境中。环境良好是每一个人的愿望，也是促进全球经济良性发展的重要基础。面对日益严重的全球性生态安全问题，各个国家和地区之间应通力合作，积极探索应对全球性生态安全问题的对策。自1971年制定《关于特别是作为水禽栖息地的国际重要湿地公约》以来，国际社会陆陆续续通过了一些公约、议程等：《濒危野生动植物种国际贸易公约》（1973）、《联合国海洋法公约》（1982）、《保护臭氧层维也纳公约》（1985）、《控制危险废物越境转移及其处置巴塞尔公约》（1989）、《生物多样性公约》（1992）、《联合国气候变化框架公约》（1992）、《联合国防治荒漠化公约》（1994）、《京都议定书》（1997）、《关于在国际贸易中对某些危险化学品和农药采用事先知情同意程序的鹿特丹公约》（1998）、《2030年可持续发展议程》（2015）等。全球气候变暖是影响范围最广、程度最深的全球生态安全问题。2009年12月，哥本哈根世界气候大会（全称：《联合国气候变化框架公约》第15次缔约方会议暨《京都议定书》第5次缔约方会议）举行。《联合国气候变化框架公约》是迄今为止最重要的国际生态环境公约，国际社会对气候及环境的重视程度达到了一个前所未有的高度。

各国因经济贸易而产生的冲突对政治生态产生了巨大影响。全球贸易冲突最重要的原因就是全球生态环境的持续恶化和资源短缺引发的贸易发展的不平衡。无论是从全球需要共同面对的环境与气候问题出发，还是从每个国家自身的经济、政治、文化、社会现状出发，各国都需要建设好生态文明，加大环境保护和治理力度，改善人类的生存环境。

## 第三节　中国新时代生态文明理论的形成与发展过程

党的十八大以来，以习近平同志为核心的党中央，提出了许多治国理政的新思想新观点新论断新要求，创立了习近平新时代中国特色社会主义思想，在经济社会发展方面，提出建设生态文明和五大发展理念，发展绿色经济、循环经济和低碳经济，此外，还提出了"四个全面"战略布局。这既符合我国的基本国情，也符合我国目前经济社会发展的要求。新时代中国特色社会主义建设为中国特色社会主义理论体系在中国的实践和发展提供了丰富的内容，更加丰富了中国特色社会主义理论体系。而中国特色社会主义理论体系的巨大生命力为我们不断丰富马克思主义理论提供了现实依据。

### 一、中国新时代生态文明理论的形成过程

2012 年，党的十八大报告在党的十七大的基础上，进一步深化了思想内涵，强调"努力建设美丽中国，实现中华民族永续发展"[①]。只有建设美丽、生态的中国，才能实现中国经济社会长久的发展。大会首次将生态文明建设和经济、政治、文化、社会四大建设一起纳入中国特色社会主义事业总体布局，把生态文明建设与四大建设放在同等重要的位置。从党的十八大报告中可以看出，生态文明建设的地位进一步得到巩固，已经被提升到了前所未有的战略高度。党的十八大报告还明确提出我国社会主义现代化建设的新目标是美丽中国。2013 年

---

① 《胡锦涛文选》（第三卷），人民出版社，2016，第 644 页。

4月，习近平总书记在参加首都义务植树活动时指出要"保生态，保民生"。同年5月，习近平总书记在中共中央政治局第六次集体学习时指出，"生态兴则文明兴，生态衰则文明衰""生态环境保护是功在当代、利在千秋的事业"。保护好生态环境、建设好生态文明是我国头等重要的大事。同年7月，习近平总书记在致生态文明贵阳国际论坛2013年年会的贺信中指出，"走向生态文明新时代，建设美丽中国，是实现中华民族伟大复兴的中国梦的重要内容"①。2015年10月，党的十八届五中全会审议通过了《中共中央关于制定国民经济和社会发展第十三个五年规划的建议》，首次提出了五大发展理念。2016年12月，习近平总书记对在浙江湖州召开的全国生态文明建设工作推进会议作出重要指示，强调生态文明建设是"五位一体"总体布局和"四个全面"战略布局的重要内容，再一次强调了生态文明建设的重要性和紧迫性。

2017年10月，习近平总书记在党的十九大报告中指出，"建设生态文明是中华民族永续发展的千年大计"②，并指出当前最要紧的是加快生态文明体制改革，建设美丽中国，并把美丽和富强、民主、文明、和谐一起写进党的基本路线，将生态文明建设上升到国家战略高度。这是从新的历史地位和战略全局高度对生态文明建设在当代发展中重要地位的肯定。生态文明建设从认识到实践都发生了历史性的变化。2018年3月，国家组建生态环境部，充分表明了我国在全面建成小康社会的同时，坚决打好污染防治攻坚战以及建设富强民主文明和谐美丽的社会主义现代化强国新目标的信心和决心。同年5月18—19日，国家组织召开了具有里程碑意义的全国生态环境保护大会。习近平总书记在大会上发表重要讲话，从国家战略高度明确了生态文明建设的重要地位，深入阐述了保护生态环境、建设生态文明的重大意义，明确提出了新时代推进生态文明建设必须坚持的重要原则和基本遵循，标志着中国新时代生态文明理论

① 《习近平谈治国理政》，外文出版社，2014，第211页。
② 《中国共产党第十九次全国代表大会文件汇编》，人民出版社，2017，第19页。

的核心成果习近平生态文明思想的创立。

1. 习近平地方执政时期

习近平地方执政时期的生态观点主要体现在 2007 年出版的《之江新语》中，该著作收入了习近平总书记 2003 年 2 月至 2007 年 3 月关于生态文明及生态文明建设的重要论述。其中，最为重要的观点就是"绿水青山就是金山银山"。这一观点体现出习近平总书记前瞻性的社会发展理念。2005 年 8 月 15 日，时任浙江省委书记的习近平在浙江湖州安吉考察时，提出了"绿水青山就是金山银山"的著名论断。除这一集中性阐述外，相关论述还有三处：一是 2003 年 8 月 8 日论述环境保护和生态省建设中人民群众自觉自为的重要性；二是 2006 年 3 月 23 日系统阐述了"两座山"之间辩证统一的关系；三是 2006 年 9 月 15 日论述如何破解经济发展和环境保护"两难"悖论，如何做到既发展了经济又不破坏环境。可以看出，以"绿水青山就是金山银山"理念为核心的生态文明观已经形成。浙江在相关思想理念的指导下，围绕着"绿水青山"做文章，化保护好绿水青山为群众的自觉行动，在经济社会建设发展中化"绿水青山就是金山银山"为生动的现实，实现了生态效益与经济效益相统一，丰富了发展经济和保护生态之间的辩证关系。

在习近平总书记看来，生态文明建设就是追求人与自然和谐共生以及经济发展与社会生产生活和谐稳定，就是大力实施污染防治和城乡环境整治，就是转变发展理念和经济增长方式并着力发展绿色、循环、低碳经济，就是努力建设科技先导、区域平衡的资源节约型、环境友好型社会，就是在全社会牢固树立生态文明理念。

2. 党的十八大报告及其新突破

党的十八大在党的十七大的基础上进一步阐述了生态文明建设的重要内容。首先从思想上高度重视，提出将建设生态文明作为长远大计的现实性和重要性，即关系到国计民生、人民幸福和国家民族的未来发展。其次针对我国严峻的生态环境，强调把生态文明建设放在显要位置，作为新时代中国特色社会主义事业总体布局之组成部分，并贯穿四大建设的各方面和全过程，明确生态文明的核心理念是"尊重自然、顺应自然、保护自然"，从而实现"努力建设美丽中国，实现中华民族永续发展"的根本目标。其中，生态文明核心理念蕴含了我党对自然非经济价值的理解与认可。

党的十八大报告具体论述了大力推进生态文明建设的总体思路：在坚持节约资源和保护环境的基础上实施"三大发展"（绿色发展、循环发展和低碳发展），核心是实现节约资源和保护环境的"空间格局、产业结构、生产方式、生活方式"，从而服务于具体的"绿色目标"，为广大人民群众创造良好的生态环境。党的十八大报告还进一步论述了大力推进生态文明建设的四个方面的工作，即优化国土空间开发、促进资源节约、加大生态系统修复和环境保护力度、加强生态文明制度建设，从生态文明建设实践角度来看，更具有操作性，"大力推进生态文明建设"理所当然成为未来我党和政府的政治导向和行动指南。党的十八大报告强调了一种新生态文明观即"珍爱自然""保护生态"，这对于社会主义生态文明建设而言具有重要意义。这是党和政府在正式文件中首次提出"社会主义生态文明"的概念，意味着我党把生态文明建设置于社会主义建设内容体系中，生态文明建设具有社会主义的特性。此外，《中国共产党章程（修正案）》也阐述了"五位一体"总体布局，强调要全面推进、协调发展。

党的十八大报告与党的十七大报告的不同点有：①新的发展理念。党的十八大报告更加系统、鲜明地概括了一种"生态文明观"或者说一种更文明的生态认知，具有"生态环境主义"性质的理解是我党政治意识形态中的重要遵循。②新的科学定位。党的十八大报告第一次明确把生态文明建设与经济、政治、文化、社会建设一起纳入中国特色社会主义事业总体布局，并明确要求将其贯彻于"各个方面和全过程"。"五位一体"总体布局的提出，意味着党和政府自改革开放以来"以经济建设为中心"的政策正逐渐转变为一种更加理性、全面与科学的政策，是生态环境保护与经济发展相统一的体现。③新的发展战略。党的十八大报告详细阐述了"大力推进生态文明建设"和实施"三大发展"的战略决策。全新的战略决策成为党的十八大以来中央政府和各级地方政府执政的重要导向。

### 3. 党的十八大之后的三个主要政策文件

党的十八大之后，我党对生态文明建设的重视逐渐加强，从以下三个主要的政策性文件就可以看出来：

（1）党的十八届三中全会通过的《中共中央关于全面深化改革若干重大问题的决定》共2万多字，分16个部分、60条。其中第51—54条对我国自然资源资产产权制度和用途管制制度、生态保护红线、资源有偿使用制度和生态补偿制度、生态环境保护管理体制等方面进行了制度性的设计和规划。第51条"健全自然资源资产产权制度和用途管制制度"和第53条"实行资源有偿使用制度和生态补偿制度"，属于生态（环境）经济制度的范畴；而第52条"划定生态保护红线"和第54条"改革生态环境保护管理体制"，属于生态环境管理体制的范畴。从文件中可以看出，党和政府进一步规范和加强制度建设，生态文明建设的推进力度在加大。

（2）2015年3月24日，中共中央政治局审议通过的《关于加快推进生态文明建设的意见》分9个部分，共35条，包括总体要求（指导思想、基本原则、主要目标）；强化主体功能定位，优化国土空间开发格局；推动技术创新和结构调整，提高发展质量和效益；全面促进资源节约循环高效使用，推动利用方式根本转变；加大自然生态系统和环境保护力度，切实改善生态环境质量；健全生态文明制度体系；加强生态文明建设统计监测和执法监督；加快形成推进生态文明建设的良好社会风尚；切实加强组织领导。

（3）2015年9月，中共中央、国务院印发的《生态文明体制改革总体方案》，强调构建由自然资源资产产权制度、国土空间开发保护制度、空间规划体系、资源总量管理和全面节约制度、资源有偿使用和生态补偿制度、环境治理体系、环境治理和生态保护市场体系、生态文明绩效评价考核和责任追究制度等构成的生态文明制度体系，并将各部门自行开展的综合性生态文明试点统一为国家试点，各部门要根据各自职责予以指导和推动。

党的十八大至党的十九大期间，习近平总书记关于生态文明建设的重要讲话收录在《习近平关于社会主义生态文明建设论述摘编》中，体现了习近平总书记对生态文明建设的前瞻性、全局性、长远性谋划。

4. 党的十九大报告及其对生态文明建设认识的新高度

党的十九大报告对生态文明建设的阐述呈现出一种大格局、结构性的变化。基于此，我国将生态文明建设明确地置于习近平新时代中国特色社会主义思想中。从党的十九大报告的内容来看，除了第九部分，还有以下几处集中阐述了生态文明建设：

一是第一部分"过去五年的工作和历史性变革"[1]，将过去五年的生态文明建设概括为"生态文明建设成效显著"[2]，从生态文明建设的推进、绿色发展理念的贯彻、生态环境的保护、生态文明制度体系的形成、节约资源的有效推进、生态保护和修复工程的进展、森林覆盖率的提高、生态环境治理状况的改善、中国应对气候变化的国际合作等方面进行了阐释。这表明党的十八大确立的"五位一体"总体布局以及四大战略部署，正在得到扎实推进，并取得了显著成效。生态文明建设领域无疑是党的十八大以来党和政府全面深化改革成效突出的领域。

二是第三部分"新时代中国特色社会主义思想和基本方略"[3]，将"坚持人与自然和谐共生"[4]作为十四个基本方略之一，从千年大计的高度强调新时代中国

---

[1]　习近平：《决胜全面建成小康社会　夺取新时代中国特色社会主义伟大胜利——在中国共产党第十九次全国代表大会上的报告》，人民出版社，2017，第2页。

[2]　习近平：《决胜全面建成小康社会　夺取新时代中国特色社会主义伟大胜利——在中国共产党第十九次全国代表大会上的报告》，人民出版社，2017，第5页。

[3]　习近平：《决胜全面建成小康社会　夺取新时代中国特色社会主义伟大胜利——在中国共产党第十九次全国代表大会上的报告》，人民出版社，2017，第18页。

[4]　习近平：《决胜全面建成小康社会　夺取新时代中国特色社会主义伟大胜利——在中国共产党第十九次全国代表大会上的报告》，人民出版社，2017，第23页。

特色社会主义生态文明建设必须树立和践行的基本理念、坚持的基本国策、实行的最严格环保制度，在此基础上形成绿色发展方式、绿色生产生活方式，最终的目的是"为人民创造良好生产生活环境，为全球生态安全作出贡献"①。这表明党的十八大以来凝练形成的生态环境治理原则与体制，已经成为我国新时代中国特色社会主义制度建设的重要理论遵循。

三是第四部分"决胜全面建成小康社会，开启全面建设社会主义现代化国家新征程"②。这一部分对不同发展阶段的生态文明建设目标做了明确的构想与规划，明确了全面建成小康社会决胜期，统筹推进"五大建设"，突出抓重点、补短板、强弱项，特别是要坚决打好三大攻坚战，即防范化解重大风险、精准脱贫、污染防治的攻坚战（"蓝天保卫战"）；到 2035 年，基本实现社会主义现代化，生态环境得到根本好转，美丽中国目标基本实现；到 21 世纪中叶，建成富强民主文明和谐美丽的社会主义现代化强国，我国物质文明、政治文明、精神文明、社会文明、生态文明全面提升。

不难看出，对于我国生态文明建设的阶段性目标，党的十九大报告第一次作出了明确的远景规划，即打好污染防治的攻坚战、生态环境根本好转、美丽中国目标基本实现和生态文明全面提升，既规划了未来，同时又着眼于现实国情。

四是第九部分"加快生态文明体制改革，建设美丽中国"③。这一部分在篇章结构和主体内容上既与党的十八大报告一脉相承，又有着明显创新。从生态文明及生态文明建设的理论创新与实践指引来看，这一部分具有如下三个方面的主要特点。

---

① 习近平：《决胜全面建成小康社会　夺取新时代中国特色社会主义伟大胜利——在中国共产党第十九次全国代表大会上的报告》，人民出版社，2017，第 24 页。
② 习近平：《决胜全面建成小康社会　夺取新时代中国特色社会主义伟大胜利——在中国共产党第十九次全国代表大会上的报告》，人民出版社，2017，第 27 页。
③ 习近平：《决胜全面建成小康社会　夺取新时代中国特色社会主义伟大胜利——在中国共产党第十九次全国代表大会上的报告》，人民出版社，2017，第 50 页。

第一，进一步强调了习近平生态文明思想对于我国新时代生态文明理论与实践的引领作用。报告指出，"人与自然是生命共同体""我们要建设的现代化是人与自然和谐共生的现代化"。党的十九大报告既保留了党的十八大报告中已经包含的习近平总书记关于人与自然关系的诸多重要论断，同时又增加了一些新阐述和最新提法。尤其是"人与自然是生命共同体"，既是习近平生态文明思想的一个核心观点，也是对这一部分特别是前两个自然段的理论性阐释。[①]

第二，明确指出必须加快体制改革与制度创新。报告分别从"推进绿色发展""着力解决突出环境问题""加大生态系统保护力度""改革生态环境监管体制"四个方面详细阐述了未来五年甚至更长时间内生态文明建设的战略部署或总要求。这四个方面既是新时代中国特色社会主义思想的"坚持人与自然和谐共生"方略的延续与展开，也是人与自然关系新观念和"人与自然和谐共生的现代化"观的内在要求，同时科学概括了我国过去五年大力推进生态文明建设过程中的新经验与新探索。

第三，明确提出树立"社会主义生态文明观"，把生态文明观上升到社会主义性质的高度。报告指出，"我们要牢固树立社会主义生态文明观"[②]。这一提法是对党的十八大报告已经提及的"走进社会主义生态文明新时代"的进一步深化。

此外，《中华人民共和国宪法》以国家根本大法的形式着重强调"推动物质文明、政治文明、精神文明、社会文明、生态文明协调发展，把我国建设成为富强民主文明和谐美丽的社会主义现代化强国，实现中华民族伟大复兴"，在

---

① 习近平总书记在党的十九大报告中指出，必须树立和践行绿水青山就是金山银山的理念，坚持节约资源和保护环境的基本国策。我们要认识到，山水林田湖是一个生命共同体，人的命脉在田，田的命脉在水，水的命脉在山，山的命脉在土，土的命脉在树。用途管制和生态修复必须遵循自然规律，如果种树的只管种树、治水的只管治水、护田的单纯护田，很容易顾此失彼，最终造成生态的系统性破坏。由一个部门负责领土范围内所有国土空间用途管制职责，对山水林田湖进行统一保护、统一修复是十分必要的。

② 习近平：《决胜全面建成小康社会　夺取新时代中国特色社会主义伟大胜利——在中国共产党第十九次全国代表大会上的报告》，人民出版社，2017，第52页。

"国务院职责"中也有重视生态文明建设的表述，生态文明建设成为政府工作的重要部分。生态文明建设在党的十九大以来得到了进一步的重视，中国新时代生态文明理论的核心成果习近平生态文明思想在内容和形式上得到进一步丰富、完善和发展。

2018年5月18日，习近平总书记在第八次全国生态环境保护大会上的讲话《推动我国生态文明建设迈上新台阶》发表在2019年第3期《求是》杂志，标志着习近平生态文明思想的正式创立。讲话从"深刻认识加强生态文明建设的重大意义""加强生态文明建设必须坚持的原则""坚决打好污染防治攻坚战""加强党对生态文明建设的领导"四个方面进行，强调了生态文明建设的重要地位（根本大计，关系中华民族永续发展）、生态与文明兴衰的关系、新时代建设好生态文明必须坚持的六项基本原则、打好污染防治攻坚战应该采取的有效措施，最后强调打好污染防治攻坚战必须加强党对生态文明建设的领导，进一步明确了党在新时代中国特色社会主义生态文明建设中的主导作用、引领地位。

## 二、中国新时代生态文明理论的新发展

中国新时代生态文明理论的核心成果习近平生态文明思想在新时代中国特色社会主义现代化建设的实践中不断得到丰富和发展。自2018年5月召开全国生态环境保护大会之后，我国在生态文明建设中形成了更多的共识。其中，习近平总书记在推动长江经济带发展和保护黄河高质量发展座谈会上的讲话开拓了我国在江河湖海保护方面的新局面。我国的生态环境保护在相关部门的努力下取得了越来越显著的成绩。习近平生态文明思想展现出了一种更高的全局性、战略性视野。

1. 在深入推进国家生态治理体系和治理能力建设方面的重要战略举措

2018年4月26日，习近平总书记在深入推动长江经济带发展座谈会上发表讲话（发表在《求是》2019年第17期），讲话围绕长江经济带发展的形势

与任务、推动长江经济带发展需要把握的几个关系及加大推动长江经济带发展的工作力度三方面展开，强调了从宏观上把握长江经济带发展的重大决策，处理好全局与局部的关系，加强党的领导，强化体制机制等内容。2019 年 9 月 18 日，习近平总书记在黄河流域生态保护和高质量发展座谈会上发表讲话（发表在《求是》2019 年第 20 期），讲话从保护黄河事关千秋大计、黄河治理取得的成就、黄河流域生态保护和高质量发展的主要目标任务、加强对黄河流域生态保护和高质量发展的领导等方面进行，强调了黄河流域生态保护和高质量发展中党的领导、文化传承、创新体制机制等。这两次讲话强调长江经济带走出一条生态优先、绿色发展的新路子，全面推进黄河流域生态保护和高质量发展。

2019 年 10 月 31 日通过的《中共中央关于坚持和完善中国特色社会主义制度　推进国家治理体系和治理能力现代化若干重大问题的决定》，在第十部分从"实行最严格的生态环境保护制度""全面建立资源高效利用制度""健全生态保护和修复制度""严明生态环境保护责任制度"等四个方面阐述了我国生态文明制度体系现代化建设的整体目标要求。

2020 年 3 月，习近平总书记在浙江考察时强调："'绿水青山就是金山银山'理念已经成为全党全社会的共识和行动，成为新发展理念的重要组成部分。实践证明，经济发展不能以破坏生态为代价，生态本身就是经济，保护生态就是发展生产力。希望乡亲们坚定走可持续发展之路，在保护好生态前提下，积极发展多种经营，把生态效益更好转化为经济效益、社会效益。"① 同年 9 月，我国在第 75 届联合国大会上正式宣布，将力争 2030 年前实现碳达峰、2060 年前实现碳中和。同年 12 月 26 日第十三届全国人民代表大会常务委员会第二十四次会议通过了《中华人民共和国长江保护法》。这是我国第一部有关流域保护的专门法律，开了我国流域立法的先河，对其他流域立法具有十分重要的借鉴意义。

---

① 习近平：《论坚持人与自然和谐共生》，中央文献出版社，2022，第 138–139 页。

2021 年 3 月 15 日，习近平总书记在中央财经委员会第九次会议上的讲话中强调："实现碳达峰、碳中和是一项多维、立体、系统的工程，要坚定不移贯彻新发展理念，坚持系统观念，处理好发展和减排、整体和局部、短期和中长期的关系，把碳达峰、碳中和纳入生态文明建设整体布局，以经济社会发展全面绿色转型为引领，以能源绿色低碳发展为关键，加快形成节约资源和保护环境的产业结构、生产方式、生活方式、空间格局，坚定不移走生态优先、绿色低碳的高质量发展道路。"① 此外，习近平总书记在会上还强调了，"实现碳达峰、碳中和目标，要坚持'全国统筹、节约优先、双轮驱动、内外畅通、防范风险'的原则"②。碳达峰碳中和作为国家生态文明建设的重要战略目标，已经开始逐步落实到国家的日常经济建设和社会发展中。碳达峰碳中和目标体现了我党带领广大人民打一场生态建设硬仗的决心和信心。

2021 年 10 月 22 日，习近平在深入推动黄河流域生态保护和高质量发展座谈会上的讲话中强调："要科学分析当前黄河流域生态保护和高质量发展形势，把握好推动黄河流域生态保护和高质量发展的重大问题，咬定目标、脚踏实地，埋头苦干、久久为功，确保'十四五'时期黄河流域生态保护和高质量发展取得明显成效，为黄河永远造福中华民族而不懈奋斗。"③ 党中央把黄河流域生态保护和高质量发展上升为国家战略。

2022 年 1 月 17 日，习近平主席在 2022 年世界经济论坛视频会议的演讲中强调："实现碳达峰碳中和是中国高质量发展的内在要求，也是中国对国际社会的庄严承诺。"8 月 16 日至 17 日，习近平总书记在辽宁考察时的讲话中指出："要把绿色发展理念贯穿到生态保护、环境建设、生产制造、城市发展、人民生活等各个方面，加快建设美丽中国。"

---

① 《习近平著作选读》（第二卷），人民出版社，2023，第 455 页。
② 《习近平著作选读》（第二卷），人民出版社，2023，第 456 页。
③ 《习近平谈治国理政》（第四卷），外文出版社，2022，第 367 页。

2. 党的二十大报告在全面推进美丽中国建设方面的重要部署

2022 年，党的二十大报告肯定了我党过去五年大力推进生态文明建设的重要成就，并指出我国加强生态环境保护是全方位、全地域、全过程的，成效明显，生态文明建设发生了历史性、转折性、全局性变化。第十部分以"推动绿色发展，促进人与自然和谐共生"为标题，系统论述了全面推进美丽中国建设应从"加快发展方式绿色转型""深入推进环境污染防治""提升生态系统多样性、稳定性、持续性""积极稳妥推进碳达峰碳中和"[①]四个方面入手。此外，在第三部分"新时代新征程中国共产党的使命任务"中，阐述中国式现代化的中国特色之一是"人与自然和谐共生的现代化"，并再一次强调"人与自然是生命共同体"。[②]全面建成社会主义现代化强国总的战略安排的第二步是把我国建设成为富强民主文明和谐美丽的社会主义现代化强国，从生产生活方式、碳排放情况、生态环境、美丽中国建设等方面对 2035 年我国生态文明建设成效进行了总体规划。第四部分"加快构建新发展格局，着力推动高质量发展"中提到了"绿色发展"和扎实推动乡村生态振兴。第十四部分"促进世界和平与发展，推动构建人类命运共同体"中倡议"坚持绿色低碳，推动建设一个清洁美丽的世界"[③]，进一步彰显了美丽世界建设的中国担当。

3. 《中华人民共和国黄河保护法》的制定与实施及全国生态环境保护大会上的重要观点

2022 年 10 月 30 日，十三届全国人大常委会第三十七次会议表决通过了《中华人民共和国黄河保护法》，并宣布将于 2023 年 4 月 1 日起施行。我国在用法

---

① 习近平：《高举中国特色社会主义伟大旗帜 为全面建设社会主义现代化国家而团结奋斗——在中国共产党第二十次全国代表大会上的报告》，人民出版社，2022，第 50—51 页。
② 习近平：《高举中国特色社会主义伟大旗帜 为全面建设社会主义现代化国家而团结奋斗——在中国共产党第二十次全国代表大会上的报告》，人民出版社，2022，第 23 页。
③ 习近平：《高举中国特色社会主义伟大旗帜 为全面建设社会主义现代化国家而团结奋斗——在中国共产党第二十次全国代表大会上的报告》，人民出版社，2022，第 63 页。

治力量保护母亲河方面迈出了一大步，长江黄河流域立法保护工作取得了阶段性进展。

2023 年 6 月 6 日，习近平总书记在加强荒漠化综合防治和推进"三北"等重点生态工程建设座谈会上的讲话中强调，荒漠化是影响人类生存和发展的全球性重大生态问题。我国荒漠化问题严重，一定要坚持系统观念，扎实推进山水林田湖草沙一体化保护和系统治理；加强荒漠化综合防治，深入推进"三北"等重点生态工程建设，事关我国生态安全、事关强国建设、事关中华民族永续发展，是一项功在当代、利在千秋的崇高事业。

2023 年 7 月 17 日至 18 日，习近平总书记在全国生态环境保护大会上的讲话中强调，党的十八大以来，我们把生态文明建设作为关系中华民族永续发展的根本大计，开展了一系列开创性工作，决心之大、力度之大、成效之大前所未有，生态文明建设从认识到实践都发生了历史性、转折性、全局性变化，美丽中国建设迈出重大步伐。我们要从解决突出生态环境问题入手，注重点面结合、标本兼治，实现由重点整治到系统治理的重大转变；坚持转变观念、压实责任，不断增强全党全国推进生态文明建设的自觉性主动性，实现由被动应对到主动作为的重大转变；紧跟时代、放眼世界，承担大国责任、展现大国担当，实现由全球环境治理参与者到引领者的重大转变；不断深化对生态文明建设规律的认识，形成新时代中国特色社会主义生态文明思想，实现由实践探索到科学理论指导的重大转变。我国生态环境保护结构性、根源性、趋势性压力尚未根本缓解，要积极稳妥推进碳达峰碳中和，坚持全国统筹、节约优先、双轮驱动、内外畅通、防范风险的原则，落实好碳达峰碳中和"1+N"政策体系，构建清洁低碳安全高效的能源体系，加快构建新型电力系统，提升国家油气安全保障能力。

2023 年 10 月 12 日，习近平总书记在进一步推动长江经济带高质量发展座谈会上的讲话中强调，从长远来看，推动长江经济带高质量发展，根本上依赖于长江流域高质量的生态环境。生态环境问题始终是经济社会发展的关键。10

月 10 日至 13 日，习近平总书记在江西考察时指出，破解"化工围江"是推进长江生态环境治理的重点。他鼓励江西再接再厉，坚持源头管控、全过程减污降碳，大力推进数智化改造、绿色化转型，打造世界领先的绿色智能炼化企业。与此同时，习近平总书记还指出，中国式现代化既要有城市的现代化，又要有农业农村现代化，优美的自然环境本身就是乡村振兴的优质资源，要找到实现生态价值转换的有效途径。习近平总书记鼓励江西坚持产业兴农、质量兴农、绿色兴农，把农业建设成为大产业，加快建设农业强省；发展林下经济，开发森林食品，培育生态旅游、森林康养等新业态。

2023 年 11 月 7 日，习近平总书记在中央全面深化改革委员会第三次会议上的讲话中强调，建设美丽中国是全面建设社会主义现代化国家的重要目标，要加强顶层设计、完善制度体系，以保障生态功能和改善环境质量为目标，推动实施生态环境分区域、差异化、精准管控。2024 年 3 月 20 日，习近平总书记在新时代推动中部地区崛起座谈会上的讲话中指出，要协同推进生态环境保护和绿色低碳发展，加快建设美丽中部；美丽中国的现代化建设实践既要从全局出发进行整体布局，更要因时因地制宜，绿化祖国要扩绿、兴绿、护绿并举，推动森林"水库、钱库、粮库、碳库"更好联动，实现生态效益、经济效益、社会效益相统一。

2023 年 11 月 16 日，习近平主席在出席亚太经合组织领导人同东道主嘉宾非正式对话会暨工作午宴时的讲话中强调，要打造绿色发展转型新路径，推动能源、产业、交通运输结构转型升级……构建经济与环境协同共进的地球家园；地球上所有的国家、地区是一个整体，我们需要共同保护好环境，合理利用资源，毕竟暂时还没有找到可供人类生存生活的另一个星球；面对气候变化及日益严重的自然灾害，人类应坚持人与自然和谐共生，加快推动发展方式绿色低碳转型。

2024 年 1 月 31 日，习近平总书记在二十届中央政治局第十一次集体学习时的讲话中强调，绿色发展是高质量发展的底色，新质生产力本身就是绿色生产力，绿色生产力是助力实现碳达峰碳中和的重要力量。

2024 年 6 月 18 日至 19 日，习近平总书记在青海考察时提出，要因地制宜改造提升传统产业、发展战略性新兴产业，培育新质生产力。

2024 年 9 月 12 日，习近平总书记在全面推动黄河流域生态保护和高质量发展座谈会上的讲话中强调，要持续完善黄河流域生态大保护大协同格局，筑牢国家生态安全屏障，探索建立全流域、市场化、多元化生态保护补偿机制。此外，习近平总书记在会上还指出，要实施最严格的水资源保护利用制度，提高水资源节约集约利用水平，实施节水行动，加快建设节水型社会。

中国新时代生态文明理论在新时代中国特色社会主义生态文明建设中不断丰富和发展，理论基础不断夯实，反过来又指导新时代中国特色社会主义生态文明建设。我国的生态文明建设的特色更加鲜明，在习近平生态文明思想的指导下必将取得更大的成就。

# 第三章 | 中国新时代生态文明理论的理论来源

习近平生态文明思想以马克思主义理论为基础，植根于中国特色社会主义的伟大实践，汲取了中华优秀传统文化的智慧，又借鉴吸收了世界生态文明建设思想的精华，有着鲜明的中国话语体系特点，具有浓厚的中国特色、中国风格。更重要的是，它是对党的几代领导集体生态思想的继承与发扬。党从十七大以来就十分重视生态文明建设；党的十八大将生态文明建设纳入"五位一体"总体布局，使生态文明建设上升到一个新的高度；党的十九大在总结生态文明建设经验和理论成果的基础上，又将生态文明建设思想具化为一个奋斗目标，即从中国特色社会主义新时代的高度概括为美丽中国建设，并将其列入中国特色社会主义的发展目标之中，成为党在新时代建设生态文明、全面建成小康社会的又一项重要任务。建设具有中国特色的生态文明是新时代中国特色社会主义建设的一个重要内容，也是党的十八大以来中国新时代生态文明理论的新发展，是马克思主义中国化的重要理论和实践成果。

## 第一节　理论基础：马克思主义生态思想

19 世纪中叶到 19 世纪末，也就是马克思恩格斯所处的时代，和当今经济发展的环境不一样，那是资本主义迅速发展和大工业革命如火如荼开展的时代，人们还没有意识到自然环境的破坏将给自身带来灾难性后果，还在一味地强调征服自然、利用自然，对自然进行疯狂的索取。而这个时候，马克思恩格斯已经认识到生态矛盾与社会矛盾给自然环境与人类社会带来的破坏，意识到必须保护好自然环境，否则将给人类带来灾难。马克思恩格斯的相关论述主要体现在《马克思恩格斯文集》第一卷和第九卷中。在著作中，马克思恩格斯对工业时代的发展进行了深刻反思，深入批判了资本主义社会，从生态与人的关系的视角对生态环境的价值与作用，生态环境的发展对人、社会的影响进行了充分论证，揭示了生态环境在人类社会发展中的科学地位和重要作用，从而为生态文明建设提供了重要的思想保证和理论前提。

## 一、人与自然一体化思想

马克思恩格斯从辩证法的视角揭示了人与自然相互作用、相互依存的特点，为研究人与自然的关系和两者在经济社会发展中的地位提供了理论来源。马克思恩格斯著作中关于人与自然关系的论述主要在《德意志意识形态》一书中，他们所说的"感性世界的一切部分的和谐，特别是人与自然的和谐"①是社会发展的基础。《1844年经济学哲学手稿》中也有相当多关于人与自然关系的论述：自然界为人类提供劳动资料和劳动对象，而人通过劳动这个中介与自然界发生联系；人与自然是一体的，是和谐统一的；要在科学与自然界的相互联系、相互作用中认识人与自然的关系；自然界是美的源泉、动力，人要按照美学规律的审美原则来构建自然界；人是类存在物；人作为受动的自然存在物与能动的自然存在物相统一而存在；要实现人的解放、社会解放与自然解放的整体解放。从马克思恩格斯对人与自然辩证关系的揭示及人类本质的论述当中，不难发现他们对人与自然关系的观点体现了"人与自然一体化"的和谐思想。

马克思认为，人的本质在于人的自然属性，认为"人本身是自然界的产物，是在自己所处的环境中并且和这个环境一起发展起来的"②。这句话有三个层面

---

① 《马克思恩格斯文集》（第一卷），人民出版社，2009，第528页。
② 《马克思恩格斯选集》（第三卷），人民出版社，2012，第410页。

的意义：一是从人的属性角度看，人具有自然物的特征，是大自然的产物。人类随着自然界的发展演变而出现，是直接的自然产物。人与自然的关系属于自然界内部的关系，这一看法指明了人在整个自然界当中是一个存在物，而不是脱离自然存在的东西。二是作为自然界的人，与自然界是一个整体，而不是可有可无或者独立于自然而单独存在的，人不能离开自然环境生活，人离开了自然界就是无源之水、无本之木。人靠自然界而生活，"没有自然界，没有感性的外部世界，工人什么也不能创造"①。人类需要自然界提供基本的生存资料，工人的生产劳动需要自然界提供基本的劳动对象。人参与自然界的物质循环、能量转换和信息交流过程。人与自然是一种相互依存的关系。三是人与环境的共生性。自然具有先在性和客观性，人作为环境的一部分，是环境中的要素之一，即人也是环境的一分子。人"自身的自然"与外在的自然一起构成了完整的自然界。作为环境的人与作为自然的环境是共同发展的，作为环境的人发展了，作为自然的环境也要发展，而不能逆成长。因此从这个角度来讲，马克思恩格斯的生态自然观就具备了现实意义，已不再是简单的对环境的认识，而是在更高层面上揭示了人与自然的辩证关系。这种辩证关系表现为人类的实践不仅是与自然的互动，而且与自然在本质上是相互融合的关系。马克思恩格斯的自然生态观是基于资本主义工业发展过程中所带来的巨大环境问题如大气污染、水土恶化、资源枯竭等而建构起来的。人类赖以生存的环境遭到破坏，表面上看起来仅仅是环境本身的问题，实际上最终威胁的是人类的自我发展，从而把人到底是个体的人还是环境中的人、环境是单独的环境还是人的环境的命题提出来了。自然对于人来说不仅具有工具价值，而且具有生态价值。

1. 从人与自然的相互关系当中鲜明地提出了两者是有机统一的

马克思在《哲学的贫困》中，第一次明确地提出了社会有机体的思想。社会有机体是在人与自然、人与社会、人与人的关系中构筑起来的社会运动发展

① 《马克思恩格斯选集》(第一卷)，人民出版社，2012，第52页。

的有机整体。在漫长的人类发展进程中，人与自然的关系成为一个必须分析研究的问题。在原始社会，人们对大自然的认识是极其有限的，通常对大自然持恐惧心态，无力抵抗来自大自然的各种灾害，所以当时人类在与自然的关系中是居于自然之后的，即自然第一，人类第二。然而，随着科学技术的发展，人类的自我价值得到了重新认识和确认，科学革命引发了观念形态的革命。人类从对自然恐惧的阴影中走出来，重新审视自身的价值和能力，认为人是自然的主宰，由自然中心主义走向了人类中心主义，开始了对自然疯狂无节制的占有和破坏。随着工业化进程的加快，人类的这种认识不可避免地造成了环境的恶化，使人与自然的关系紧张甚至对立起来。马克思恩格斯看到了人类在处理与自然关系时所表现出来的错误做法，通过深入系统的分析后，认为人与自然不仅是一个统一体，而且是一个有机整体。人与自然之间的统一性、整体性关系既是处理人与自然的矛盾的出发点和归宿，也是最高标准。首先，从人与自然界的存续时间上看，人是从自然的发展中进化而来的，自然界是先于人存在的，因而可以明确的是人是依赖于自然界而存在的，并且离不开自然界。正如恩格斯所说，"人本身是自然界的产物"。其次，从人的实践载体来看，人的活动不仅是个体活动，也不仅仅是人的自身活动，更多表现为以自然界为改造对象的实践活动。人类只有通过这种实践活动，才能从自然界获取生产生活所需的一切资料。这些资料除了来自人的实践活动本身之外，更多来自自然界，如果没有自然界提供的资料，人类就不可能生存下来。如果没有自然界，不要说改造世界，人都将无法生存。最后，人与自然的统一性是人类社会与自然界共同存在和发展的前提和保障。人类与自然之间只有实现统一，才能共生共荣，以牺牲任何一方为代价都是不可取的，否则带给人类和自然界的只能是灾难。恩格斯强调人类只有理解并尊重自然规律，按照自然界固有的规律办事，才能避免自然界对人类的报复，"不以伟大的自然规律为依据的人类计划，只会带来灾难"。在人类已有认识的基础上，保持人与自然的统一性关系，是社会和谐稳定发展的前提。

2. 从人与自然关系的共融性上提出了两者之间是和谐的

人与自然是人类社会活动的两个不同性质的载体，两者之间的关系是否和谐决定着两个载体能否长期发展。因此必须从以下两个方面来认识人和自然，只有正确地认清了，才能处理两者之间的关系。一方面，认清什么是自然。自然就是环绕着人群空间可以直接或间接影响人类生活、生产的一切自然形成的物质和能量的总和。从中可以看出，自然是物质的，是与人的生产生活密切相关的。人的物质生活的丰富和精神生活的充实都离不开自然。另一方面，认清人是什么，人与自然是什么关系。我们不从社会学的角度来分析，而从人与自然的关系来说，人是自然的人，自然是人的自然。所以从自然的角度看，人具有自然属性，不是脱离自然而存在的。从以上分析可知，人与自然之间存在某种必然联系，两者不可分割，任何一种偏重一方的观点都是不正确的。正如马克思指出的，只有"人和自然界之间、人和人之间的矛盾的真正解决，是存在和本质、对象化和自我确证、自由和必然、个体和类之间的斗争的真正解决"①，才能够实现自然与人和谐相处。也就是说，人类要实现两大和解，即人类与自然之间的和解和人类自身的和解，这也是生态文明建设中应持有的重要观点。

3. 从人与自然关系的主导性上提出了两者是相互制约的

作为并存于世间的人与自然，到底是谁主导，谁被主导？人类中心主义者往往认为人是这个世界的主宰，自然处于被统治地位。而自然主义者认为，自然是人类生存的一切基础，没有自然就没有人类，所以强调自然至上。马克思对以上两种观点都进行了批评，他认为把自然界"绝对精神"化是不正确的，"人创造环境，同样，环境也创造人"②。因此，马克思认为人与自然之间不存在任何一方主导另一方的关系，两者只能是一种相互制约的关系。他从人既具有主观能动性又受自然制约的双重属性出发，认为人要服从自然但又能支配自然。这

---

① 《马克思恩格斯全集》（第四十二卷），人民出版社，1979，第120页。
② 《马克思恩格斯文集》（第一卷），人民出版社，2009，第545页。

说明人在实现人与自然的和谐相处时，既有主体性和能动性，又有受自然制约的被动性和受动性。只有协调好人与自然之间能动与被动的关系，才能促进社会文明与生态文明建设和谐发展。强调任何一方都可能给另一方带来灾难，都是对两者关系的错误认识。所以马克思认为人与自然的关系是相互制约的，而不是主导与被主导的关系。人只有从自然界获得必要的生存资料，才不至于死亡，自然界可以不断地为人类提供生产和生活资料。人与自然你中有我、我中有你，不能割裂开来。人类只有认清这种关系，才能善待自然，从而善待人类自身，人与自然紧密联系。马克思认为，私有财产和财富统治下形成的自然观是不科学的，没有很好地认识自然的地位和作用；人类要想形成辩证唯物主义的自然观，就要对自然有一个客观公正的认识。只有摆脱对财富的控制欲，树立尊重自然、顺应自然和善待自然的自然观，才能形成辩证唯物主义的自然观，从而实现人与自然和谐相处的良好关系，促进人与自然和谐共生的良性发展状态。他还强调人类生存和发展要以自然为基础，告诫人们要树立正确的自然观，重新审视自然的价值。

## 二、自然生产力思想

马克思恩格斯从生产力的视角提出了自然生产力思想，使自然从单纯的生产要素成为生产力，为生态文明建设提供动力和保证。马克思恩格斯在研究人类社会发展动力的过程中，一直想找寻推动社会发展的因素。他们得出的结论是，人类社会在发展当中除了人类自身的力量，即社会生产力之外，还有一种生产力，那就是社会生产力依靠和改造的对象——自然，马克思把它称为自然力。自然力是相对于社会力而存在的，不仅仅是"资本统治下所具有的一定形式的社会劳动的无偿自然力"[①]；而且人本身也是一种自然力，是"为了在对自身生活有用的形式上占有自然物质，人就使他身上的自然力——臂和腿、头和手

---

① 《马克思恩格斯全集》（第四十七卷），人民出版社，1979，第363页。

运动起来"①，从而通过自身的能力完成对物质的占有，也实现了人的自我发展，而促进这种发展的力其实也是自然力，因此一切生产力都归结为自然力。

1.从人与自然的相互关系上来讲，人类客观上是自然界的组成部分

近代以来，人们在漫长的生产实践中一直认为自然生态是从属于人类实践活动的，人在自然界的活动中占主导地位，可以任意支配自然界。正是基于这样一种认识，人们无节制地利用自然、奴役自然，自然界成了人类可以随意支配的对象。然而经过长期对自然界的改造、索取之后，人类才发现这种把人与自然界对立起来或者矮化自然的认识，实质上是完全错误的。长期对自然界的轻视，最终伤害了人类自身。因此，马克思鲜明地指出人类与自然界之间所有的活动实际上是人自身的活动，因为人是自然界的一部分，因此人类必须重新认识与自然界的关系。一方面，自然界为人类生产生活提供了基础，是人类生产生活不可或缺的对象，没有自然界，人类就失去了生存的可能性；另一方面，人类的所有活动必须尊重自然界，任何过度或超出自然承载力的开发和利用本质上是对人类自身的伤害。恩格斯同样警告过人类，必须正确认清人与自然的关系，"如果说人靠科学和创造性天才征服了自然力，那么自然力也对人进行报复，按人利用自然力的程度使人服从一种真正的专制，而不管社会组织怎样"②。人类对自然进行改造的过程，也是自然反作用于人类的过程。如果人类对自然不加以保护，那最终还是会害了人类自己，因为自然会把人类带来的后果原原本本地还给人类。人需要把自身和自然作为一个整体来看待，两者是紧密联系在一起的。

2.从人的生存需要来讲，自然界是一切物质的存在基础

人类的生产生活过程是一个对象化的过程，这个对象就是自然界，自然界是人类生产生活的基础，自然是第一性的，人类是第二性的。首先，自然界为

---

① 《马克思恩格斯全集》（第二十三卷），人民出版社，1972，第202页。
② 《马克思恩格斯文集》（第三卷），人民出版社，2009，第336页。

人类的生存和发展提供最直接的生活资料。其次，自然界是人类无机身体的一部分，是人类生命活动的对象和工具。无机身体和人类共同组成了一个有机整体。马克思认为，人类的发展依赖于大自然，人类为了自身的生存和发展，与大自然一直处于相互联系的状态。马克思在《论土地国有化》中详细论述了生产力发展过程中土地的价值。作为自然生态资源的土地，既是人类生存和发展的根基，也是人类财富的源泉，土地为人类创造了数不尽的财富。但土地也因此慢慢失去了它该有的功能，私有化是土地功能逐渐弱化的重要原因；恢复土地功能最切实有效的办法就是实行土地公有化，控制人们的攫取欲望，保障经济的发展。他认为，为了保证生产的可持续发展，人类不能随意消耗土地，而应该可持续利用。"我们需要的是日益增长的生产，要是让一小撮人随心所欲地按照他们的私人利益来调节生产，或者无知地消耗地力，就无法满足生产增长的各种需要。"[①] 土地是社会生产发展的基础之一，不仅能种植保障人类基本温饱的粮食作物，还能培育各类绿色植物，净化空气，保持良好的生态环境。地产是一切财富的源泉。这说明生态环境是生产力的基础，没有了生态环境，生产力也无从谈起。

3. 自然是生产力，为社会的生产发展提供新的动力

马克思恩格斯认为生产力是自然生产力和社会生产力的总和，其中自然生产力是最基本、最富有创造力的生产力。自然生产力主要是指自然界的自然力、各种自然资源以及劳动生产所需的自然环境条件，如土地、矿产、森林、生物资源等。恩格斯之所以强调自然是生产力，是因为要说明人与自然之间是相互作用的关系，而不是对立的关系。自然界对人类具有巨大的作用力，人类善待自然，自然就会向人类奉献出它的价值。自然力是客观存在的先决条件，对人们的生产劳动产生影响。劳动生产力不仅由社会条件决定，还由自然条件决定，"劳动生产力主要应当取决于：首先，劳动的自然条件，如土地的肥沃程度、矿

---

① 《马克思恩格斯文集》（第三卷），人民出版社，2009，第231页。

山的丰富程度等等"①。一方面,自然生产力为社会生产力提供天然的资料;另一方面,自然生产力为人类文明的发展提供包括人类自身在内的基础和前提。生产劳动的丰富性、多样性来自自然生产力的丰富性。生产力的发展不单依赖于人的积极性、主动性和创造性,还需要自然生态资源作支撑。

无论何时何地,人类进行生产活动首先要以人与自然的和谐发展和社会有机体的稳定为前提,我们现在进行的生态文明建设同样是建立在自然生产力的基础之上的。从生产力的角度来理解,生态文明建设反映了人们在生产力认识上的深化。社会发展不单要满足人的基本物质生活需要,还应该满足人类发展的生态需要。马克思认为,生产力是人和自然关系最为本质的体现,体现了人与自然关系的演进过程。人类在处理与自然的关系中逐渐成长。

### 三、以人为本的生态关怀思想

马克思认为社会发展要以人的自由全面发展为前提,因为社会发展的主体是人,如果人得不到很好的发展,那么社会的发展就失去了价值和意义。所以,社会发展必须坚持以人为本的价值取向,促进人的自由全面发展。以人为本的价值取向和促进人的自由全面发展建立在自然价值和自然环境的基础之上。生产力的发展不仅要考虑物的因素,还要考虑人的因素,人是具有主观能动性的生命个体,人才是生产力发展过程中具有决定作用的因素,生产力的发展必须将物的因素和人的因素综合起来考虑。"在一切生产工具中,最强大的一种生产力是革命阶级本身。革命因素之组成为阶级,是以旧社会的怀抱中所能产生的全部生产力的存在为前提的。"②生产力的发展需要考虑自然界的承载力和人的发展,必须从人与自然发展的角度分析生产力发展的必要性和作用,毕竟生产力的发展是为人的自由全面发展服务的。马克思抨击了资产阶级为了追求利润

---

① 《马克思恩格斯选集》(第二卷),人民出版社,1995,第71页。
② 《马克思恩格斯文集》(第一卷),人民出版社,2009,第655页。

而发展生产力的错误做法。他指出，如果生产力的发展只是将人当作创造财富的力量，而不是当作社会前进的动力和发展的主体，那么人将失去特有的人格和价值；即使人具有超强的生产力，一旦失去了自己的独立人格和应有的文化精神生活，失去了人固有的价值，就会出现生产力发展得越好而人越受摧残的现象。以人为本是马克思恩格斯绿色发展观的价值取向。人类作为社会生产和生活实践的主体，按照自身的需求改造自然和社会，书写了人类历史的辉煌。人类历史是在不断满足人的物质需求的条件下向前发展的。历史的发展由人决定，自然生态环境的好坏也由人决定。

1. 社会生产发展的人本性

在马克思看来，人类社会所有的生产劳动终归是为了满足人的发展需要，所以满足人的发展需要是一切生产发展的出发点和归宿。人的存在和发展需要一定的物质生产资料，人类通过生产将自在自然改造成人工自然，生产力的价值属性得以实现。马克思认为，对生产力需要的无限性和广泛性可以从社会生产和再生产的过程中分析出来。由于人的需求是无止境的，每一个需求的满足又会触发新的需求。社会生产不断向前发展，最终是为了满足人类的需求。而生产力的发展是有限的，并不能完全满足人的需求。

2. 人类生产发展的生态性

人类的生产发展能否持续为生产生活提供资源支撑，取决于自然资源的可利用程度和可再生能力。自然资源一旦不可再生和重复利用，人类失去的不仅仅是自然资源，最终影响的是人类自己的生存。因此人类在利用自然的过程中必须把保护生态当作自身发展的内在要求。

人类开发自然，必须在正确认识并遵守自然规律的基础上进行，否则将会受到惩罚。恩格斯在《英国工人阶级状况》一文中用大量的篇幅描写了环境污染对工人阶级造成的危害，"一切腐烂的肉类和蔬菜都散发着对健康绝对有害的臭气，而这些臭气又不能毫无阻挡地散出去，势必要造成空气污染"。腐烂的肉类和蔬菜散发的臭气除了让人无法忍受之外，还对空气造成污染，人们吸入的气体都是有害的。以人为本以及关注人的生存与发展始终是马克思恩格斯生态观的核心思想。

3. 生态性与人本性相结合是人类发展的根本

马克思一直把人与自然关系的和谐视为社会发展的基础，只有人与自然的关系处理好了，人类社会的发展才是良性的，他始终强调人与自然和谐发展。他认为异化是导致资本主义社会出现生态危机的根源，异化主要包括人与自然关系异化、生产劳动异化及生态异化三种，认为只有"存在和本质、对象化和自我确证、自由和必然、个体和类之间"①达到和谐统一，才能实现人和自然界之间、人和人之间的和谐统一。这需要建立起共产主义社会，因为共产主义是自然主义和人道主义的统一，能使人和自然界之间、人和人之间的矛盾得到真正解决。只有未来理想的共产主义社会才可以实现人与自然之间的真正和解。共产主义在短期内是无法实现的，这就意味着矛盾无法真正解决。社会发展和经济建设实践证明，相对于人们无止境的需求，自然资源并不是无限的，而是有限的。正是这种有限性决定了人们在开发利用自然以满足自身需求时必须遵循自然界物种的发展规律，尤其是在开发不可再生资源时要充分考虑生态环境，否则生态系统将失衡，继而引发生态危机。

经济建设既要满足人们的基本物质生活需求，又要顾及生态环境质量。经济建设在本质上必须与生态文明建设和谐统一。生态持续优化是经济建设良性发展的前提，经济持续发展是生态文明建设的基础，社会持续进步和人民幸福是生态文明建设的目的。只有经济发展好了，生态环境保护好了，人与自然才能真正实现和谐共生。

## 四、中国新时代生态文明理论厚植于马克思主义生态思想

中国新时代生态文明理论是对马克思主义生态思想的继承和发展，两者同

---

① 《马克思恩格斯全集》（第四十二卷），人民出版社，1979，第120页。

属生态马克思主义或生态社会主义的范畴。概括地说，生态马克思主义涵盖了马克思主义的生态思想、欧美国家以及世界其他国家生态马克思主义者的生态思想、当代中国学者的生态马克思主义思想等，是一个庞大的理论体系。习近平生态文明思想也是这种广义的生态马克思主义的一部分。

习近平生态文明思想丰富、拓展了马克思主义和科学社会主义的生态思想，是生态社会主义的一个重要组成部分，这就决定了其社会主义性质。与此同时，我国的社会主义生态文明理念与实践还是广义的生态马克思主义和生态社会主义的重要组成部分。

## 第二节 思想理念：党中央领导集体关于生态文明建设的重要论述

中国特色社会主义建设推动了党的生态文明建设思想不断向前发展，这些思想随着社会主义建设规律和人类社会发展规律的不断探索逐步形成和发展起来。新中国成立以来的经济社会建设，是对生态文明建设的探索，是新时代中国特色社会主义生态文明建设的重要实践基础。新中国成立以来党中央领导集体关于生态文明建设的重要论述，是对中国特色社会主义建设规律的准确解读，有利于我们更好地把握中国新时代生态文明理论的科学内涵和实践路径，无论从理论的拓展还是从实践的延伸来说都具有重要意义。新中国成立以来，党中央领导集体关于生态文明建设的重要论述既植根于马克思主义生态思想，又和中国特色社会主义建设实践紧密结合，在思想上高度重视生态保护与建设，在建设内容上注重多元化发展，在发展理念上强调生态环境保护和社会主义建设有机统一。

### 一、在思想上重视生态保护与建设

新中国成立以来，党中央十分重视生态文明建设，将生态建设和社会主义建设有机结合，主要体现在生产、生活和建设等方面。

毛泽东说："如果对自然界没有认识，或者认识不清楚，就会碰钉子，自然界就会处罚我们，会抵抗。"[①] 他还说："天上的空气，地上的森林，地下的宝藏，都是建设社会主义所需要的重要因素，而一切物质因素只有通过人的因素，才能加以开发利用。"[②] 针对新中国成立初期我国资源紧缺的状况，毛泽东倡导通过勤俭节约实现生态保护，提出了著名的"三反"运动，即"反贪污、反浪费、反官僚主义"，在全国开展增产节约运动，既要提高产量，又要节约资源，不铺张浪费，还要爱护一草一木，保护好资源，发展好经济建设，满足群众的基本生活需求。"在保证质量的条件下，大力节约原料、材料、燃料和动力。"[③] 节约是中华民族的传统美德，我们要用实际行动践行生态文明思想，保护资源、保护环境。资源和能源并不是取之不尽、用之不竭的，从这一点来看，节约是一种长远战略，是中华民族血脉能更好地延续的基础，既满足了当代人的需要，又考虑到子孙后代的需要。

邓小平提出了以经济建设为中心的思想，大力提倡解放生产力、发展生产力，在狠抓中国特色社会主义经济建设的同时，也非常重视环境保护和生态建设。首先，提倡植树造林，着手建立"三北"防护林；其次，强调要处理好经济发展速度、人口结构增速、资源环境的承载能力等之间的关系问题。邓小平明确提出环境保护是我国的一项基本国策，保护好环境是每一个公民的义务和责任。

江泽民非常重视人口、资源、环境工作，强调人口、资源和环境的协调发展，要控制人口数量、节约资源、保护生态环境，坚持走可持续发展的中国特色社会主义道路。我国在 20 世纪 90 年代将可持续发展纳入国家发展战略。1994 年，我国发布了《中国 21 世纪议程——中国 21 世纪人口、环境与发展白皮书》，首

---

① 《毛泽东文集》（第八卷），人民出版社，1999，第 72 页。
② 《毛泽东文集》（第七卷），人民出版社，1999，第 34 页。
③ 中共中央文献研究室编：《建国以来重要文献选编》（第十二册），中央文献出版社，1996，第 520 页。

次把可持续发展战略作为我国经济和社会发展的长远规划之一。党和政府高度重视可持续发展问题。1997 年召开的党的十五大把可持续发展战略确定为我国现代化建设中必须实施的基本战略，可持续发展从此被上升到国家战略的高度。

1995 年 10 月，江泽民在《让我们共同缔造一个更美好的世界》讲话中指出，生态环境恶化是事关人类生存和发展的全球性问题，"这些全球性问题的逐步解决，不仅要靠各国自身的努力，还需要国际上的相互配合和密切合作。"① 保护好生态环境是我们共同的责任和义务。1998 年，江泽民在全国抗洪抢险总结表彰大会上引用恩格斯的话告诫我们，人类改造自然界时，要始终将人类的命运和自然界的命运联系在一起，"人类对自然界的全部统治力量，就在于能够认识和正确运用自然规律"②。洪涝灾害也好，干涸枯竭也罢，都是人类没有把自然和人的整体性作为人类活动的前提加以思考的结果。也就是说，人类要尊重自然、保护自然，人类对自然资源的索取要建立在尊重自然规律的基础上，否则，自然界会对人类进行无休止的报复。江泽民还指出，保护环境是全党全国人民必须长期坚持的基本国策，环境问题直接关系人民群众的正常生活和身心健康，既是国家和民族重点关注的问题，也是个人应该关注的问题，既关系一个国家和民族的前途和命运，也关系老百姓的切身利益。江泽民认识到生态与民生幸福之间有非常紧密的内在关联，曾经深刻地指出，在温饱问题解决后，人民群众对环境质量的要求会越来越高，"环境意识和环境质量如何，是衡量一个国家和民族的文明程度的一个重要标志"③。一个国家的政府和人民对环境的重视程度直接折射出这个国家的整体素质和人民的素养。温饱问题解决后，人民群众对自然生态环境质量的要求会越来越高。

胡锦涛也非常重视环境问题，在经济社会发展方面提得最多的就是科学

---

① 《江泽民文选》（第一卷），人民出版社，2006，第 480–481 页。
② 《江泽民文选》（第二卷），人民出版社，2006，第 233 页。
③ 《江泽民文选》（第一卷），人民出版社，2006，第 534 页。

发展观、科技创新为主的创新型国家、资源节约型和环境友好型社会、绿色经济、循环经济等。在党的十六届三中全会上，胡锦涛提出了以人为本、以可持续发展为基本要求的科学发展观，为生态文明建设指明了方向。胡锦涛在深入学习领会和贯彻落实发展观的讲话中多次强调，发展要从人民群众的整体利益出发，要以人为本。在贯彻落实科学发展观的过程中，胡锦涛倡导建设资源节约型、环境友好型社会，要求转变经济发展方式，大力发展绿色、低碳、循环经济。2005 年 3 月，在北京召开的中央人口资源环境工作座谈会上，胡锦涛提出了建设"两型社会"，即资源节约型、环境友好型社会，强调要加快转变粗放型的经济发展方式，缓解人口资源环境压力，实现经济社会全面协调可持续发展，"使经济增长建立在提高人口素质、高效利用资源、减少环境污染、注重质量效益的基础上"[①]。人口素质高，资源合理利用率高，人口、资源与生态环境的关系和谐是经济增长质量高的保障，是中国特色社会主义建设实现良性循环的前提和基础。党的十七大第一次提出建设生态文明的任务。胡锦涛在庆祝中国共产党成立 90 周年大会上的讲话中强调，"加快建设资源节约型、环境友好型社会……不断在生产发展、生活富裕、生态良好的文明发展道路上取得新的更大的成绩"[②]。2009 年 12 月，胡锦涛在中央经济工作会议上的讲话中提出，"做好节约能源、提高能效工作，大力发展可再生能源和核能，大力增加森林碳汇，大力发展绿色经济，积极发展低碳经济和循环经济，研发和推广气候友好技术，加快建设资源节约型、环境友好型社会"[③]。此次讲话首次提到森林碳汇，并把它和绿色低碳循环经济联系起来，说明我党对生态文明建设有了新的认识。2012 年 7 月，胡锦涛在省部级主要领导干部专题研讨班上的讲话中指出："加强生态文明建设，是我们对自然规律及人与自然关系再认识的重要成果。"[④]此外，在讲

---

① 中共中央文献研究室编：《十六大以来重要文献选编》（中），中央文献出版社，2006，第816 页。
② 《胡锦涛文选》（第三卷），人民出版社，2016，第 536–537 页。
③ 《胡锦涛文选》（第三卷），人民出版社，2016，第 284 页。
④ 《胡锦涛文选》（第三卷），人民出版社，2016，第 609 页。

话中他进一步强调"全党同志一定要站在中国特色社会主义全面发展和中华民族永续发展的高度，增强生态危机意识，充分认识生态文明建设的重要性、必要性、紧迫性"①。党的十八大把生态文明建设提高到前所未有的战略高度，将其纳入中国特色社会主义事业总体布局，并进行了具体部署。

### 二、在生态建设内容上注重多元化发展

在如何实现生态保护上，我国根据不同时期的生态环境问题，提出了不同的解决办法，反映出生态发展的时代性特征。毛泽东特别重视绿化工作，认为植树造林是做好水土保持的重要手段。

1956 年，毛泽东在《中共中央致五省（自治区）青年造林大会的贺电》中，号召全国人民"绿化祖国"，紧接着提出了"实行大地园林化"的任务，号召全国进行大规模植树造林。1958 年，毛泽东针对大炼钢铁造成的生态环境尤其是森林资源的破坏，又发出了全面绿化、建设园林化国家、建设美丽自然环境的号召，"要使我们祖国的河山全部绿化起来，要达到园林化，到处都很美丽，自然面貌要改变过来"②。

邓小平历来强调通过加强法律制度建设来调动和规范人们参与环境保护事业。改革开放的第一个 10 年，根据人口众多、资源相对匮乏的国情，党和政府不断加强和巩固对生态环境的保护措施，并开始对环境保护实施法制化管理，明确将环境保护作为我国的一项基本国策，陆续颁布《中华人民共和国环境保护法》（1989）、《中华人民共和国海洋保护法》（1982）、《中华人民共和国水污染防治法》（1984）、《中华人民共和国大气污染防治法》（1987）等法律法规并组建国家环境保护局，初步形成全国环境保护的法制局面。

① 《胡锦涛文选》（第三卷），人民出版社，2016，第 610 页。
② 中共中央文献研究室、国家林业局编：《毛泽东论林业》（新编本），中央文献出版社，2003，第 51 页。

邓小平强调植树造林一要坚持，二要设立奖惩制度，"这件事，要坚持二十年，一年比一年好，一年比一年扎实。为了保证实效，应有切实可行的检查和奖惩制度"①。他进一步指明了在生态文明建设方面今后工作的方向和必须采取的有效措施，从生态文明建设方法上进一步规范人们的行为。

1996年，江泽民提出环境保护要制度化的思想，"各级党委和政府要把环境保护工作摆上重要议事日程，每年要听取环保工作的汇报，及时研究和解决出现的问题。这要成为一项制度"②，之后在《做好经济发展风险的防范工作》中指出，"加快江河治理和水利设施建设"③。另外，江泽民在中央扶贫开发工作会议上的讲话《为实现八七扶贫攻坚计划而奋斗》中指出，在农田基本建设方面要做到因地制宜，"在干旱缺水的地方，要千方百计蓄水、保水、节水""在植被稀少、风沙严重的地方，要大搞造林绿化"④。1997年，江泽民在《关于陕北地区治理水土流失，建设生态农业的调查报告》上的批示中强调，要"齐心协力地大抓植树造林,绿化荒漠,建设生态农业去加以根本的改观"⑤。在党的十五大报告中，江泽民进一步指出："统筹规划国土资源开发和整治，严格执行土地、水、森林、矿产、海洋等资源管理和保护的法律。实施资源有偿使用制度。加强对环境污染的治理,植树种草,搞好水土保持,防治荒漠化,改善生态环境。"⑥

2007年，胡锦涛在党的十七大报告中提出生态文明建设的主要任务，并把它概括为实现全面建设小康社会奋斗目标的新要求之一。这是我党首次将生态文明建设与建设小康社会结合起来，提倡节约能源资源、发展循环经济、控制污染物排放，号召全体人民树立生态文明观，"建设生态文明，基本形成节约能

---

① 《邓小平文选》（第三卷），人民出版社，1993，第21页。
② 《江泽民文选》（第一卷），人民出版社，2006，第535页。
③ 《江泽民文选》（第一卷），人民出版社，2006，第544页。
④ 《江泽民文选》（第一卷），人民出版社，2006，第554页。
⑤ 《江泽民文选》（第一卷），人民出版社，2006，第659页。
⑥ 《江泽民文选》（第二卷），人民出版社，2006，第26页。

源资源和保护生态环境的产业结构、增长方式、消费模式。循环经济形成较大规模，可再生能源比重显著上升。主要污染物排放得到有效控制，生态环境质量明显改善。生态文明观念在全社会牢固树立"①。生态文明建设已然是全面建设小康社会目标的一部分。与此同时，胡锦涛还把各项重点生态建设工程、环保重点工作、环境质量指标、产业优化升级等生态内容明确纳入"十二五"规划。大会报告对统筹兼顾作了四个方面的解释，这一解释突出表现生态文明建设最重要的是人与自然的和谐共生与发展，是对我国发展提出的新的更高要求之一。与此同时，大会报告还提出基本形成节约能源资源和保护生态环境的产业结构和发展模式。

2010 年，胡锦涛在西部大开发工作会议上的讲话中提出，力争生态环境保护上一个大台阶，把西部地区的水利建设摆在突出位置。此后，胡锦涛在日本横滨举行的亚太经济合作组织第十八次领导人非正式会议上的讲话中提出，"统筹经济发展、社会发展、环境保护，实现低碳增长；积极应对气候变化，大力发展绿色经济，培育新的经济增长点"②。胡锦涛在党的十八大报告中指出，"建设生态文明，是关系人民福祉、关乎民族未来的长远大计""努力建设美丽中国，实现中华民族永续发展"。③党的十八大将科学发展观确立为党的指导思想，标志着科学发展观正式成为中国特色社会主义理论体系的一个重要组成部分。科学发展观是对 20 世纪 80 年代兴起的可持续发展观的进一步深化，蕴含着丰富的生态思想，科学发展观的基本要求是坚持全面、协调、可持续。科学发展观的本质就是各个方面的全面发展，"以人为本"即要求人与人、人与社会、人与自然的全面协调发展。发展不是单纯的经济增长，而是社会整体的进步，更是包括人与自然关系的进步以及社会与自然关系的进步。科学发展观坚持全面发

---

① 《胡锦涛文选》（第二卷），人民出版社，2016，第 628 页。

② 《胡锦涛文选》（第三卷），人民出版社，2016，第 449 页。

③ 胡锦涛：《坚定不移沿着中国特色社会主义道路前进　为全面建成小康社会而奋斗——在中国共产党第十八次全国代表大会上的报告》，人民出版社，2012，第 39 页。

展，即坚持物质文明、政治文明、精神文明和生态文明的全面统一发展。

### 三、在发展理念上强调生态环境保护和社会主义建设有机统一

在社会主义建设过程中，如何处理好经济发展与环境保护的关系，历来是我党非常重视的问题。在经济发展的不同时期、不同阶段，生态环境保护也呈现出不同特点。总体来讲，几代领导人都是从生态环境与社会主义建设辩证关系的角度，把生态环境保护和社会主义建设有机统一起来。

新中国成立初期，我国是一个农业大国，以发展生产、满足人民的基本物质生活为主，毛泽东对生态保护的论述主要集中在水利建设和水土保持方面。在处理生态环境与社会主义建设的关系上，毛泽东认为，生态保护能够促进经济发展，如果处理得不好，就会阻碍社会主义建设，他在水土保持的观点中，就明确了这两者的关系，他认为"必须注意水土保持工作，决不可以因为开荒造成下游地区的水灾"①，如果造成了水灾，就会影响社会主义建设。

邓小平认为环境建设必须抓紧抓好，否则社会主义建设不可能成功，老百姓也不可能富裕起来，老百姓富裕了，生态环境自然也会更加好起来。他明确指出，生态环境建设这个事情耽误不得，必须马上行动起来，特别是我国大西北生态环境建设迫在眉睫，"黄河所以叫'黄'河，就是水土流失造成的。我们计划在那个地方先种草后种树，把黄土高原变成草原和牧区，就会给人们带来好处，人们就会富裕起来，生态环境也会发生很好的变化"②。1978年，党中央作出了在风沙危害和水土流失严重的西北、华北、东北地区建设"三北"防护林的重大决策。这一工程开了我国大规模生态建设的先河，是我国生态文明建设的一个标志性工程。"三北"防护林迄今为止已经坚持了40余年，是我国北

---

① 中共中央文献研究室、国家林业局编：《毛泽东论林业》（新编本），中央文献出版社，2003，第38页。

② 中共中央文献研究室，国家林业局编：《新时期党和国家领导人论林业与生态建设》，中央文献出版社，2001，第5页。

疆抵御风沙、保持水土、护农促牧的一道绿色长城，对西北、东北、华北的水土保持和生态保护起到了重要作用，工程建设取得了巨大的生态、经济和社会效益，成为全球生态治理的成功典范。《三北防护林体系建设40年综合评价报告》认为，这一浩大的工程为我国林业草原事业发展特别是"三北"工程建设擘画了宏伟蓝图。1981年2月，国务院发布了《关于在国民经济调整时期加强环境保护工作的决定》，该决定明确指出："环境和自然资源，是人民赖以生存的基本条件，是发展生产、繁荣经济的物质源泉……长期以来，由于对环境问题缺乏认识以及经济工作中的失误，造成了生产建设和环境保护之间的比例失调……必须充分认识到，保护环境是全国人民的根本利益所在。"[1]

江泽民也十分重视经济建设与环境保护之间关系的处理，强调要处理好经济发展与人口、资源环境的关系，既要满足当代发展的需要，又要不危及后代的发展需要，并为未来社会的发展创造更好的条件。他在第四次全国环境保护会议上指出，"经济发展，必须与人口、资源、环境统筹考虑……决不能走浪费资源和先污染后治理的路子"[2]。他在党的十四届五中全会上强调"要把控制人口、节约资源、保护环境放到重要位置，使人口增长与社会生产力发展相适应，使经济建设与资源、环境相协调，实现良性循环"[3]。江泽民多次指出，人口、资源与环境能否协调发展，关系我国经济社会的安全与稳定，处理好三者的关系显得非常重要，"能不能坚持做好人口资源环境工作，关系到我国经济和社会的安全"[4]。2002年，党的十六大报告在对我国经济社会发展进行总结时指出："可持续发展能力不断增强，生态环境得到改善，资源利用效率显著提高，促进人

---

[1] 国家环境保护总局、中共中央文献研究室编：《新时期环境保护重要文献选编》，中央文献出版社、中国环境科学出版社，2001，第20页。

[2] 《江泽民文选》（第一卷），人民出版社，2006，第532页。

[3] 《江泽民文选》（第一卷），人民出版社，2006，第463页。

[4] 中共中央文献研究室编：《江泽民论有中国特色社会主义（专题摘编）》，中央文献出版社，2002，第281页。

与自然的和谐，推动整个社会走上生产发展、生活富裕、生态良好的文明发展道路。"[①]实现社会可持续发展、保护好自然生态环境、提高资源利用率、实现人与自然的和谐发展，不仅是我们应该遵循的行动指南，也是实现生产发展、生活富裕和生态良好的基础和前提。

2003 年 6 月 25 日，中共中央、国务院发布《关于加快林业发展的决定》，明确提出"建设山川秀美的生态文明社会"。党的十六届四中全会提出构建社会主义和谐社会。2005 年 10 月 8—11 日，党的十六届五中全会在北京召开。全会提出要加快建设资源节约型、环境友好型社会，大力发展循环经济，加大环境保护力度，切实保护好自然生态，认真解决影响经济社会发展特别是严重危害人民健康的突出环境问题，在全社会形成资源节约的增长方式和健康文明的消费模式。2006 年，胡锦涛提出了构建社会主义和谐社会的中国特色社会主义现代化建设目标，并把人与自然和谐相处作为构建社会主义和谐社会的主要内容之一。2007 年，我党首次把生态文明建设写进党代会报告，生态文明从此与物质文明、政治文明、精神文明一起成为我国现代化建设的重要组成部分。党的十七届五中全会明确提出提高生态文明水平。"绿色发展"被写入"十二五"规划并单独成篇。胡锦涛在联合国气候变化峰会上的讲话《携手应对气候变化挑战》（2009 年 9 月 22 日）中提出，走可持续发展道路、实现人与自然相和谐已成为各方共同追求的目标，要"加快建设资源节约型、环境友好型社会和建设创新型国家"[②]。讲话中还提出应对气候变化的四点措施："一是加强节能、提高能效工作""二是大力发展可再生能源和核能""三是大力增加森林碳汇""四是大力发展绿色经济，积极发展低碳经济和循环经济"。[③]类似的观点在《对影响我国发展的几个重大国际经济问题的看法》中也有阐述。2010 年 6 月，胡锦涛

---

① 《江泽民文选》（第三卷），人民出版社，2006，第 544 页。

② 《胡锦涛文选》（第三卷），人民出版社，2016，第 267 页。

③ 《胡锦涛文选》（第三卷），人民出版社，2016，第 267–268 页。

在中国科学院第十五次院士大会、中国工程院第十次院士大会上的讲话《靠科技力量赢得发展先机和主动权》中，提出构建人与自然和谐相处的生态环境保育发展体系，实现环境优美、生态良好；在中央水利工作会议上提出"坚持人水和谐。正确处理人和自然、人和水的关系，是治理水患、兴修水利的基本前提"①。这些思想都充分体现了胡锦涛重视生态文明建设，重视人与自然和谐发展的主张。2012 年 7 月，胡锦涛在省部级主要领导干部专题研讨班上的讲话中指出，"推进生态文明建设，是涉及生产方式和生活方式根本性变革的战略任务，必须把生态文明建设的理念、原则、目标等深刻融入和全面贯穿到我国经济、政治、文化、社会建设各方面和全过程。……坚持节约资源和保护环境的基本国策……着力推进绿色发展、循环发展、低碳发展……为人民创造良好生产生活环境"②。这一系列重要讲话从政治高度再一次强调了可持续发展原则、生态文明建设的战略意义，其核心内容与党的十八大报告的相关表述保持了一致。

总而言之，自新中国成立以来，党中央领导集体非常重视生态文明建设，注重经济社会发展与生态环境保护相结合。尽管有的政策措施没有完全落实到位，但从国家经济社会发展战略制定的角度来看，还是很有前瞻性的，也为党的十八大之后生态文明建设再上新台阶以及实现新的历史性跨越奠定了坚实的基础。

### 四、中国新时代生态文明理论是对党的生态思想的继承与创新

中国新时代生态文明理论无论在思想认识、发展理念上，还是在生态文明建设方法上，都体现了对新中国成立以来党的领导集体思想的继承、发展和创新。党的十八大报告在第八部分"大力推进生态文明建设"等处提到了"社会主义生态文明"，并将其写入修改后的党章，明确将生态文明建设列入中国特色社会

---

① 《胡锦涛文选》（第三卷），人民出版社，2016，第 552 页。
② 《胡锦涛文选》（第三卷），人民出版社，2016，第 610 页。

主义事业总体布局，意味着我国生态文明建设是社会主义性质的。党的十九大报告则明确使用了"社会主义生态文明观"这一提法，将生态文明建设明确纳入习近平新时代中国特色社会主义思想体系。

# 第三节　文化积淀：中华优秀传统生态文化

文化是人类意识形态领域的智慧结晶，具有历史继承性。中国古代深厚的生态文化为建设生态文明提供了丰富的精神文化资源。中华优秀传统文化历经几千年沉淀，凝聚了无数科学家、政治家、思想家对世间万事万物和历史发展与规律的探寻与反思。其中关于人与自然关系的思想已成为中华优秀传统文化的重要组成部分，对社会发展的方向以及人与自然关系的认识都起到了极其重要的作用。从先秦到两汉文化，从诸子百家到宋明理学，有不少关于人与自然相处之道的生态智慧。中华优秀传统文化中的儒释道三家朴素的生态文明理念，为我国生态文化的发展提供了重要的文化条件和思想渊源。在我国几千年传统文化的发展过程中，对于人与自然的关系，思想家提出了许多有关尊重生命、保护环境以及人与自然和谐相处的观点。梳理古代思想家的生态智慧，对新时代中国特色社会主义生态文明建设具有重要作用。在中华优秀传统文化中，最具有代表性的是儒释道三家的思想，三者都具有相同的世界观。

## 一、中国古代生态伦理思想中的生态爱护观

中华优秀传统文化在长期的发展过程中形成了关于人与自然关系的独到见解，如认识自然、敬重自然和保护自然。"敬天爱人"与"仁民爱物"等观念是中华传统生态文明理念的核心与精华，其主旨与"生态文明观"一致，"大同世界"也与"美丽中国"的基调相契合，都是强调尊重自然、爱护自然，强调人与自然、人与人、人与社会的和谐，这充分体现了古代人民爱护自然的传统观念。中华优秀传统文化最大的特点是从事物的关联性、同一性、完整性来认识事物。

儒释道以不同的方式表达了对"天人合一"观念的认同和遵循,对大自然敬畏、对自然资源节约利用、对子孙后代的生存发展负责是其共同的生态观念。

儒家"天人合一"的生态伦理思想发端于孔子学说。孔子以"仁"为核心的思想体系,经孟子"仁民爱物"的阐发而得到拓展,荀子把生态道德与人际道德纳入生态伦理体系;再经汉代董仲舒、明代王阳明发展,生态伦理思想得到进一步发展。孔子提倡"知者乐水,仁者乐山"(《论语·雍也》)。道德的最高境界是不仅要爱人,而且要爱物。儒家将仁的内涵从人与人之间的关系扩展到了人与自然的关系。荀子主张"天有其时,地有其财,人有其治,夫是之谓能参"(《荀子·天论》)。整个世界是由天、地、人三要素构成的,三者各司其职、各尽其责,世界的运行是有规律的。董仲舒则提出了"天人合一"理念,"天生之,地养之,人成之……三者相为手足,合以成体,不可一无也"(《春秋繁露·立元神》)。

儒家的另一个思想精髓中庸之道则体现了适度开发自然、合理利用自然资源的思想。孔子主张"钓而不纲,弋不射宿",即不可用大网网鱼,不可一网打尽,不射正在睡觉的鸟,正确对待自然,施以仁慈之心。孟子认为:"不违农时,谷不可胜食也。数罟不入洿池,鱼鳖不可胜食也。斧斤以时入山林,材木不可胜用也。"(《孟子·梁惠王上》)荀子则认为:"草木荣华滋硕之时,则斧斤不入山林,不夭其生,不绝其长也。"(《荀子·王制》)意思是当草木生长茂盛的时候,不去山中砍伐,让树木自由生长,尊重自然。儒家认为自然与人本来是和谐统一的,自然满足人的要求,赐予人们生活资料,人也应该顺应自然的变化。儒家在生态伦理思想产生与发展的过程中主要有"钓而不纲,弋不射宿""天地之大德曰生""仁者以天地万物为一体"等观点。"天人合一"本质上是人对世间万物的一种移情,故而人才可以将自己的道义与品德转移到大自然上,所以才有了天与人合二为一的生态伦理观。

佛家以"缘起论"为核心思想形成了生态伦理观。佛家认为世界上任何事物都不是孤立存在的,一切事物都互为条件、互相依存。众生息息相关,宇宙中的生命实质上是一个整体，众生具有同一性和相通性。因而，人在与自然相处时，应该给予自然应有的尊重。佛家关于人与自然关系的思想主要有两点：其一，承认万物皆有佛性，都具有存在的合理性和内在价值；其二，强调众生平等，自然万物生而平等，反对不尊重生命的行为。从佛家思想中可以看出，佛家对生命的尊重对我们建设生态文明和保护生态环境具有重要的指导意义。

道家关于人与自然关系论述的集大成者是老子。老子的代表性观点是"人法地，地法天，天法道，道法自然"（《老子·第二十五章》）。他认为万事万物的存在都有合理性，这一点不可否认。人类应该尊重万物的本性，而不能任意妄为，只顾自身利益。老子把上德之人奉为"圣人"，这一类人对待自然的态度就是无为，尊重自然，不对自然万物的生长规律横加干预，而下德之人则反之。《老子》反复强调，"圣人处无为之事，行不言之教"，"故圣人云，我无为，而民自化"，圣人"以辅万物之自然而不敢为"。他主张尊重自然、顺应自然，认为圣人应无私心，具有无为的优良品德。老子所说的无为，不是无所作为，而指顺应事物的自然本性而为之，不任意妄为。老子说："上德不德，是以有德。下德不失德，是以无德。"老子的"道法自然"思想是道家学派自然哲学思想的核心内容，它表达了人类要遵循自然法则的思想。在道家哲学中，"道"是构成万物的本源，所谓"道生一，一生二，二生三，三生万物"，而道又必须遵循自然法则，以自然为大。如果人类随意改变万物的自然状态，就会给人类生存的环境带来破坏，甚至是毁灭性的灾难。庄子是道家思想的继承者，他的观点体现在"天地与我并生，而万物与我为一"中。"因是已。已而不知其然，谓之道"，天地万物与人一体化，人与自然是一个统一的整体，两者和谐共生。

道家主张尊重自然，尊重一切生命，人要与自然和谐相处。道家主张无为、清心寡欲，同时希望人类能够遵循自然法则。自然对于人类而言，是不可或缺的，人类不可以过度开发和利用自然。道家的无为思想对于我们今天处理人与自然的关系仍然具有重要的启发作用。我们应该反思自身对待自然的行为是否合理适度，是否在开发、利用自然的同时破坏了自然规律。道家的生态伦理思想集中反映了"万物一体，道法自然"的生态自然观。可以看出，道家将天、地、人视为一个整体，认为人与自然万物有着共同的本源，人类应遵循自然法则。我们只有认识到自然的"道"及其价值，才能遵循自然法则，才能避免盲目开采、利用自然，避免生态危机的发生，从而为实现人与自然的和谐共生打下良好的基础。

综合来看，尽管中国古代儒释道三家的自然生态观各有特点、不尽相同，但在人与自然关系的问题上却始终保持一致的观点，就是人与自然具有内在的同一性。儒家将"天人合一"作为生态思想的哲学基础，明确提出人与自然关系的一致性；道家通过"天人一体"阐发"道法自然"的基本伦理，强调人来自自然，天道与人道应和谐统一，"天地与我并生，而万物与我为一"；佛家以"众生平等"的慈悲胸怀，提出"一切众生悉有佛性，如来常住无有变异"。中国古代关于人与自然关系的经典思想，成为后世生态伦理观发展的一个重要基础。中国传统儒释道生态思想充分彰显了自身的内在价值，主张天人合一、万物平等，为人类认识自然、改造自然提供了指导。现在看来，分析、研究儒释道生态伦理思想，有助于挖掘其重要的历史价值和时代价值。

## 二、中国古代生态伦理思想中的生态实践观

中国是一个文明古国，也是一个农业发达的国家。中国自古有成熟的农业技术体系，农业耕作技术在世界上遥遥领先。中国古代的农民在精耕细作中总结出了不少经验，比如分行栽培与精细锄地技术的发明、铁制农具的普及、牛耕技术的推广、施肥和灌溉技术的创新等。在漫长的农业实践中，中国古代劳动人民创造、积累了丰富的生产经验并逐步创作了种类繁多的农书，包括《齐民要术》《天工开物》《农政全书》《群芳谱》《授时通考》《茶经》《王祯农书》《植物名实图考》《橘录》等。这些农书都是对实际生产经验的总结，对我国农业生产具有很好的指导意义，是中国古代生态智慧的结晶。在中国农业文明发展进

程中，先民创造了桑基鱼塘、农家肥提高农业生产效率等诸多人与自然和谐共生的生产模式。这些生产模式不仅顺应了农业发展的自然规律，而且提高了农作物的耕作效率和农田的使用效率。

《吕氏春秋·审时》："夫稼，为之者人也，生之者地也，养之者天也。"庄稼是人播种的，从土里长出来，靠阳光雨露滋养。庄稼的成长离不开天、地、人，讲究天时地利人和。《齐民要术》中也有相关的观点："顺天时，量地利，则用力少而成功多。"意思是，顺应天时地利，则种庄稼更不费力，收成也好。这些都是我国古代劳动人民在生产实践中形成的关于人与自然关系的重要认识。我国幅员辽阔，从古至今建设了无数工程，有些沿用至今。这些工程不仅设计巧妙，而且对我国古代生态环境的保护起到了至关重要的作用。数千年来，这些工程不仅满足了当地人们的生产生活需求，为人们带来了幸福美好的生活，也为我国古代生态建设的发展作出了贡献。有些工程设计理念非常先进，历经数百年仍然发挥着重要作用。它们为中华五千年文明的延续和发展作出了巨大贡献，如都江堰、坎儿井、京杭大运河等。这充分体现了中国古代人民生态理念的前瞻性和先进性。

我国最古老的灌溉系统是坎儿井。坎儿井是荒漠地区一个特别的灌溉系统，普遍分布于我国新疆吐鲁番地区。坎儿井大体上由竖井、地下途径、地上途径和"涝坝"（小型蓄水池）构成。在吐鲁番盆地北部的博格达山和西部的喀拉乌成山，春夏时节有很多雪水和雨水流入山谷，潜入戈壁滩下。人们运用山的斜度发明了坎儿井，引地下潜流灌溉农田。坎儿井不因炎热、狂风天气而流失水分，因此流量稳定，确保了自流灌溉。

京杭大运河是世界上里程最长、工程最大的古代运河，也是古老的运河之一，是我国古代劳动人民发明的一项伟大工程，是我国文化地位的象征之一。京杭大运河是春秋时吴国为伐齐国而开凿的，隋朝大幅度扩修并贯穿至国都洛阳且连接涿郡，元朝翻修时弃洛阳而取直至北京，从开凿到如今已有 2500 多年的历史。2002 年，京杭大运河被归入"南水北调"东线工程。

经典诗句"劝君莫打枝头鸟，子在巢中望母归"表达了古代劳动人民爱护自然、保护生物物种的朴素生态观。不管是动物还是植物，抑或是其他生物，都是有生命的个体，和人类一起构成了大自然这个有机整体。因此，我们在生产实践中要遵循古人的生态理念，尊重自然规律，保护自然，只有这样，我们的社会才能建设得更加美好。

### 三、中国古代生态伦理思想中的生态节约观

节约历来是中华民族的传统美德，"成由勤俭败由奢"是中国古代劳动人民对勤俭节约的高度总结。在新时代中国特色社会主义进入全面建成小康社会的今天，提倡勤俭节约、倡导节约的社会风气具有重大意义。这充分说明了党和国家对自然生态的重视，对能源资源的珍视。随着生产力的不断提高、社会发展速度的加快、科学技术的发展，人类改造自然的能力迅速提升，人类与自然的关系发生了巨大的变化。人类逐渐从原来对自然的恐惧和敬畏中走出来，不断想要征服自然、战胜自然。自工业文明以来，人类征服自然、改造自然的欲望不断膨胀，尤其是在资本主义社会，资本家把获取最大利润作为目的，根本不顾自然环境，只顾满足自身无节制的物质欲望，从而造成了环境的污染、资源的耗竭，引发了严重的生态危机。因此，生产力水平高度发达的今天，我们仍然需要树立勤俭节约的生活理念，节约自然资源，保护生态环境。

节约是中华民族在五千年历史进程中一直宣扬的美德。《荀子·天论》提出"强本而节用，则天不能贫"的生态节约观，主张节约，反对浪费，这样自然资源就能满足人类的需要且不会枯竭。根据《史记》记载，轩辕黄帝曾倡导"劳勤心力耳目，节用水火材物"，主张节约用水和用燃料取火。《尚书》一书记有"克勤于邦，克俭于家"的古训，主张勤劳治国，勤俭持家，只有勤劳、勤俭才能创造美好的生活。中国古代的传统节约观形成于南北朝时期，随后不断发展，被越来越多的人推崇。颜之推在《颜氏家训》中用简洁精练的语言论述了节俭与吝啬的关系，提出要懂得施舍但不要过度奢侈，要做到节约

但不吝啬，并提出"施而不奢，俭而不吝"的主张。唐代陆贽认为，地球上的生物是有限的，人类改造自然的能力也是有限的，应做到适度消费，"地力之生物有大数，人力之成物有大限：取之有度，用之有节，则常足；取之无度，用之无节，则常不足"①。正所谓"一粥一饭当思来之不易，半丝半缕恒念物力维艰"。

中国古代的节约观主张节衣缩食，无论吃饭还是穿衣都要俭约，在家也好，出门也罢，都要做到节约。当时的人们改造自然的能力还不强，生产力水平比较低下，能够作为消费资料的物质产品相当匮乏，只能满足基本的生存和生活需求。中国传统的节约思想主要体现在日常生活领域，当时生产力水平不高，与生产领域相关的节约思想并不多。但是，古代节约的思想观念对我们今天的生活消费观念、生产节约观念的重建还是具有非常重要意义的。

我们今天在构建新型节约观的过程中，要吸取传统节约观的精华，去其糟粕，把节约理念融入日常生产生活中，从我做起，抵制消费主义、享乐主义思想，把节约与个人道德品质的培养相结合，特别是在面对穷奢极欲的消费现象时要做到克己服人。社会的发展要依靠每个人的力量，节约亦如此。只有整个社会形成良好的勤俭节约风气，保护好自然生态环境，新时代中国特色社会主义现代化建设才能取得实效。

### 四、中国新时代生态文明理论是对中国古代生态伦理思想的继承与发展

习近平总书记多次指出，中国的社会主义现代化建设仍然需要遵循中华民族自古以来尊重自然、顺应自然的理念，在社会实践中追求天人合一；吸收中华优秀传统文化思想的精华，与新时代生态文明建设相结合，大力推进绿色发展。中国新时代生态文明理论在中华优秀传统生态文化中孕育形成，具有独特

①　陆贽：《陆贽集》（下），中华书局，2006，第746页。

文化韵味的自然观、经济观和社会观。

中国新时代生态文明理论中的自然观的基本观点是：包括人类在内的自然系统是一个有着自身内在规律的整体，人与自然的命运是紧紧联系在一起的，二者是一个生命共同体，古人倡导的"天人合一"是人与自然关系的最佳状态。习近平生态文明思想中的自然观是对人与自然、社会与自然关系的宏观把握。习近平总书记在讲话中多次提及这一观点，并在新时代生态文明建设中对传统文化中的"天人合一"理念进行了创造性的丰富和发展。

中国新时代生态文明理论中的经济观的核心理念是：处理好经济发展与生态环境保护之间的关系，换言之，就是处理好"金山银山"与"绿水青山"之间的关系，努力实现二者的共存共融。党的十八大以来，习近平总书记多次强调"保护生态环境就是保护生产力""改善生态环境就是发展生产力"等，将保护、改善生态环境与生产力的发展结合起来，目的就是将优良的生态环境转化成生态效益，进而产生经济效益和社会效益。

中国新时代生态文明理论中的社会观的核心内容是：生态产品是最普惠的民生福祉，生态环境良好、人民安居乐业是全面建成小康社会的重要体现。习近平总书记多次强调，人民群众对目前的生态环境状况并不满意，生态环境问题是实现全面建成小康社会目标的主要短板之一，三大攻坚战之一"蓝天保卫战"的目标就是要实质性改善生态环境。

中国新时代生态文明理论中的传统文化元素非常丰富，它们并不是独立存在的，而是体现在习近平生态文明思想的自然观、经济观和社会观中。中华优秀传统文化的精髓是习近平生态文明思想的重要组成部分。

# 第四章 | 中国新时代生态文明理论的丰富内涵

生态文明建设是一个复杂的实践工程，也是一个系统的理论工程，人类生态文明建设需要新的理论支撑。我们一方面需要在不断探索中取得新成就，另一方面也需要在理论方面取得重大突破。我国社会主义建设进入新时代，社会主要矛盾发生了新变化，国家治理体系也进行了改革创新。不同的时代有不同的生态内涵，新时代生态文明的内涵也需要拓展。将生态文明建设从千年大计提升为根本大计，表明党的十八大以来的生态文明建设是对中华民族悠久灿烂历史文明的传承和发展，凸显了中华民族伟大复兴的历史使命和时代重任。保护和改善生态环境已成为全人类的共识，也是我们进行社会主义建设的行动指南。

生态文明建设在新时代中国特色社会主义建设事业中的地位发生了历史性、根本性和全局性的变化，中国共产党的执政理念和执政方式已经达到新的理论高度，生态文明建设的内涵不断拓展。党的十八大以来，我党就生态文明建设的理论内涵、实践方略、战略地位等做了一系列重要论述，在生命共同体观、生态生产力观、生态民生观和生态法治观等方面赋予了新时代中国特色社会主义生态文明建设新的内涵，把生态文明建设的地位提升到了一个新的高度。这体现了党的生态文明建设思想的历史性、时代性、哲学性、理论性、实践性、全球性以及理论体系的科学性、完整性。

## 第一节　生命共同体观：从生命的视角审视生态文明的价值地位

人与人、人与环境的命运始终是紧密联系在一起的，只是人们对两者之间关系的认识并非一步到位，而是经历了一个长期的发展历程。人类第一次从国际政治的高度把人与环境作为一个整体来看待是在 1972 年在斯德哥尔摩召开的人类与环境会议上，这次大会讨论并通过了著名的《人类环境宣言》。这是人类关注共同命运的开端。我国在共同命运方面的重要观点之一就是习近平的山水林田湖生命共同体思想。习近平总书记指出："山水林田湖是一个生命共同体，人的命脉在田，田的命脉在水，水的命脉在山，山的命脉在土，土的命脉在树。"[①]人类的生存与发展依赖山水林田湖，人的命运和山水林田湖的命运休戚相关。党的十八大以来，我党在中国特色社会主义现代化建设中始终非常注重对生态环境的保护，时刻关注民生工程，这也表明了我党在全球生态文明建设中的担当、决心和信心。生态环境问题始终是全人类共同面对的问题，单靠一个国家、一群人无法解决，是一个不能回避也无法回避的问题。全人类的命运紧紧地联系在一起，"当今世界，人类生活在不同文化、种族、肤色、宗教和不同社会制度所组成的世界里，各国人民形成了你中有我、我中有你的命运共同体"[②]。环境问题一旦出现，影响的不仅仅是一个城市、一个地区或一个国家的生态安全，影响的是全人类的生命健康。

"生命共同体"思想自党的十八大提出以来，逐步形成了比较完整的思想体系，赋予了生态文明建设新的内涵，表明了中国共产党进行生态文明建设、打

---

① 中共中央文献研究室编：《习近平关于全面建成小康社会论述摘编》，中央文献出版社，2016，第 172 页。

② 人民日报海外版"学习小组"：《平天下——中国古典治理智慧》，人民出版社，2015，第 268 页。

好污染防治攻坚战的信心、决心和勇气。总体来看，生命共同体的新内涵主要体现在以下几个方面：首先，人类是一个命运共同体；其次，自然生态是一个生命系统；最后，人与自然是生命共同体。

## 一、人类是一个命运共同体

全球一体化把世界人民的命运紧紧联系在一起，生态文明建设关系各个国家和地区的发展，关系全人类的未来甚至生死存亡。共同保护生态环境、共同应对全球气候变暖和极端天气，是国际社会的共同使命。人类命运共同体表达了我们的根本意愿，世界各国在谋求本国发展的同时促进各国共同发展，在谋求本国利益时需要关注他国合理的利益诉求。人类只有一个地球，地球一旦被毁坏，人类就失去了生存空间。倡导"人类命运共同体"既是建设美丽中国的需要，也是全人类共同发展的需要。人类命运共同体这一全球价值观包含相互依存的国际权力观、共同利益观、绿色发展观和全球治理观。各国共处一个世界，世界各国人民同呼吸、共命运，要以"命运共同体"的新视角，寻求人类共同利益和共同价值。只有把全人类当作一个整体来看待的时候，我们才能更理性地思考和对待人类共同面临的环境问题，才能处理好人与自然的关系。

2012 年，习近平主席在会见外国人士时表示，国际社会日益成为一个你中有我、我中有你的"命运共同体"，各国人民的命运是一体的；面对复杂的世界经济形势和各种全球性问题，尤其是生态问题时，国家与国家必须联起手来共同应对。2013 年，习近平总书记从与世界各国友好合作的角度出发，首次发出构建"人类命运共同体"的倡议，旨在使全世界各国人民携起手来共同应对全球问题，这也是中国积极参与国际合作的态度。随着经济社会的不断发展，越来越多的问题开始呈现全球化的趋势，这并不是某一个国家或者某几个国家的事情。全世界人民需要同心协力一起面对遇到的各种问题和挑战，单纯选择回避是不行的。粮食、资源、气候、环境、疾病等问题把全人类的命运紧紧联系在一起，树立全球价值观是当务之急。只有全人类共同面对各种问题，才能在地球上更好地生存，否则，地球生态持续恶化，人类终将无法生存。

2017年10月18日，习近平总书记在党的十九大报告中表达了中国政府和人民参与全球治理的强烈愿望。他提出，坚持和平发展道路，推动构建人类命运共同体，中国是有决心和勇气参与全球共治的。2018年3月第十三届全国人民代表大会第一次会议通过了宪法修正案，在序言第十二自然段加上了推动构建人类命运共同体这一内容，再一次表达了中国政府参与全球治理的勇气、决心和信心。中国是一个负责任的大国，有强烈的政治责任感和担当意识。

习近平总书记指出："中国将继续积极参与全球治理体系变革和建设，为世界贡献更多中国智慧、中国方案、中国力量，推动建设持久和平、普遍安全、共同繁荣、开放包容、清洁美丽的世界。"[①] 为了建设一个和平、安全、繁荣、开放、共享、美丽的世界，中国有诚心参与全球治理，这既是中国的大局意识，也是中国推动世界和平和谐发展的底气。

生态文明建设面临的问题归根到底是政治问题。习近平总书记强调的人类命运共同体思想，表明了中国态度，既有严密的理论逻辑，也是对新时代中国特色社会主义建设实践经验的总结。这一思想从理论和实践的"双重"层面，为破解国际难题、构建人类文明新秩序提供了中国智慧和中国方案，即"构建人类命运共同体，实现共赢共享"。习近平总书记强调构建新型国际关系的核心原则是以和文化为中心，强调"和谐相处、合作共赢、和平发展"，人与人之间的和谐相处则强调"己所不欲，勿施于人"。人与人的关系是在人与自然关系的基础上并借助生产实践形成和发展起来的，人与自然、人与人的关系是密切相关并且相互制约的。这两种关系都是在生产过程中形成和发展起来的。人与自然通过生产劳动相互作用，而人与人在生产过程中形成一定的关系，并在这个过程中衍生出了各种复杂的社会关系，从而在此基础上形成了整个国家的关系网。两种关系密不可分，共同决定了生态环境的发展状况。因此，想要创建美丽、

---

① 中共中央党史和文献研究室编：《十九大以来重要文献选编》（上），中央文献出版社，2019，第392页。

和谐的自然生态环境，人类不仅要处理好与自然的关系，还要正确对待自然并构建合理的人与人之间的社会关系，即优良的社会制度。构建人类命运共同体，最主要的就是要共同面对并解决社会发展面临的难题，比如生态问题、发展问题、资源开发问题等。习近平总书记认为，要解决当代人类面临的贫富差距持续扩大、人与自然的关系日趋紧张等突出难题，需要将古人与今人的智慧结合起来。习近平总书记认为："中国优秀传统文化的丰富哲学思想、人文精神、教化思想、道德理念等，可以为人们认识和改造世界提供有益启迪，可以为治国理政提供有益启示，也可以为道德建设提供有益启发。对传统文化中适合于调理社会关系和鼓励人们向上向善的内容，我们要结合时代条件加以继承和发扬，赋予其新的涵义。"①

命运共同体是一个更为宏观的概念，既包括生命共同体，也包括利益共同体和责任共同体，同时也明确全世界人民应组成一个荣辱与共的国际大家庭。命运共同体具有全局性。随着人类社会不断向前推进，生态环境问题已由局部区域问题转向全球性问题，再也不是某个国家或某几个国家的问题。人类的命运已经紧紧联系在一起，高速工业化、人口激增、城市化等带来的问题需要我们共同面对。保护生态环境要有全球视野和大局意识。解决环境问题必须有全局观，需要国与国之间通力合作，共同努力维护世界生态安全。每个国家要有责任担当，不推诿，不退缩，勇于面对本国出现的环境问题，顾及他国的生态环境安全。"中国秉持共商共建共享的全球治理观，倡导国际关系民主化……不断贡献中国智慧和力量。"② 在参与全球治理这个问题上，中国是有诚意和决心的，并且愿意与世界各国分享中国的成功经验。

中国参与全球治理的一个非常明确的目标就是"坚持绿色低碳，建设一个

---

① 习近平：《从延续民族文化血脉中开拓前进——在纪念孔子诞辰 2565 周年国际学术研讨会暨国际儒联第五届会员大会开幕会上的讲话》，《孔子研究》2014 年第 5 期。

② 习近平：《决胜全面建成小康社会 夺取新时代中国特色社会主义伟大胜利——在中国共产党第十九次全国代表大会上的报告》，人民出版社，2017，第 60 页。

清洁美丽的世界"①。气候问题、环境问题是全世界共同的问题；气候、环境影响的不是一个国家的发展，而是影响全人类的发展。全球气候变暖带来的灾难不是某一个国家的，而是全人类的。坚持推动构建人类命运共同体是习近平外交思想的重要内涵，体现了习近平生态文明思想的世界价值，同时，也是习近平新时代中国特色社会主义思想的重要组成部分。"中国发展得益于国际社会，中国也为全球发展作出了贡献。"②"一带一路"建设的核心是加强基础设施建设，建立起各国之间的联系，加强经济政策和发展战略的对接，促进协同联动发展，最终实现共同繁荣。这一倡议加强了中国与世界各国之间的联系，维护了共同权益，更加有利于推动构建人类命运共同体。

### 二、自然生态是一个生命系统

自然生态是一个生命系统，"自然生态系统是在一定时间和空间范围内，依靠自然调节能力维持的相对稳定的生态系统，如原始森林、海洋等"③。自然生态系统不仅为人类提供基本的物质资源，如食物、燃料、药物等社会经济发展的重要原料，还维持着人类赖以生存的生命支持系统，包括空气、水、土壤的净化及其肥力的维持，生物多样性的维持，温度、干湿度的维持等。自然界是由众多相互关联的个体构成的有机整体。作为生命系统的基本单元，每个个体既是独立的子系统，又与其他个体形成互依互存的生态关系，共同维系着自然系统的完整性与稳定性。自然界作为一个整体，是由山水、土壤、空气、青草、绿地、河流、湖泊、森林等共同构成的。各个部分都在自然界中扮演不同的角色，发挥着自身的作用与功能，彼此依存，缺一不可，统一于自然界中。系统不能被打破，否则其他成员也将遭到破坏或受到影响。自然有它自身的规律，我们

---

① 习近平：《论坚持推动构建人类命运共同体》，中央文献出版社，2018，第421页。
② 习近平：《论坚持推动构建人类命运共同体》，中央文献出版社，2018，第423页。
③ 赵玉环、周辉、赵清华：《自然生态和农村环境保护的法治思路探讨》，《农业考古》2010年第6期。

在社会建设和生产生活中必须尊重自然、顺应自然。

自然生态系统中最重要的就是人与自然的辩证关系。一方面，人类从自然界获取物质生产资料和生活资料，人类一旦离开了自然，就无法生存；另一方面，自然的发展也与人的活动密切相关。自然一旦离开了人类的实践活动即对自然的改造，呈现出来的是原始的蛮荒的一面，也就失去了它存在的价值和意义。人类发挥主观能动性的过程也是自然界发挥功能和作用的过程。与此同时，自然资源也不断丰富。人类与自然相伴相生、相辅相成。人类的主观能动性决定了人会发挥自主性和创造性来对自然加以改造，而不仅是消极地依赖自然环境来满足自身的生存需要。与此同时，人类还会提升生产力水平。人类在改造自然时带有主观能动性，在带来积极影响的同时，也或多或少带来消极影响，这是不可避免的。一方面，人类不断提高生产力水平，改进物质生产方式，创造物质财富；另一方面，由于人类的欲望在不断地膨胀，人类有时候只看到眼前的利益，而不考虑长远利益，无节制地向大自然索取资源，从而忽视了自身与自然是一个统一的整体。人与自然的命运也是一体的，自然一旦出了问题，人类也将自食破坏生态环境的恶果。人类的过度开发导致大自然原有的系统被破坏，人类如果再不改善与自然的关系，必将遭受更大的灾难，必将受到自然的惩罚。改善人与自然的关系迫在眉睫，首先人们需要转变错误观念，明白人类不是和自然相对立的，不是自然的征服者；其次时刻谨记人类是自然的一分子，人与自然共处于一个系统中，互相作用，不可分割。

"山水林田湖草沙是生命共同体"[①]是一个系统性、整体性思想，也是新时代生态文明建设的重要遵循。生态是统一的自然系统，是各种自然要素相互依存而实现循环的自然链条，山、水、林、田、湖、草、沙都只是其中的要素。水是万物生长的命脉，万物的生长离不开水。自然界中可用的淡水总量大体是

---

① 中共中央宣传部、中华人民共和国生态环境部编：《习近平生态文明思想学习纲要》，学习出版社、人民出版社，2022，第 71 页。

稳定的。一个国家或区域可用水资源的多少，既取决于降水量，也取决于国家水利设施蓄水的能力。山、林、田的发展状况依赖江河湖海的水。土壤需要林木防风固沙，否则沙尘会漫天飞，而林木的生长需要水的滋养。田地为人类提供充足的粮食，而农作物需要大量的水来灌溉。金木水火土，太极生两仪，两仪生四象，四象生八卦，循环不已。我们要牢固树立"保护生态环境就是保护生产力，改善生态环境就是发展生产力"[①]的理念。山水林田湖是一个生命系统，山水林田湖和人一样，统一于自然这个生态系统。我们在生态文明建设实践过程中，要从整体上系统把握生态建设和环境保护，不能顾此失彼，要对山水林田湖进行统一保护。

土地是人类赖以生存的基础。国家要做好国土规划，做到人口、资源和环境有机统一。国土、环境、资源和人类的生产生活是一个有机的整体。国家在进行顶层设计时，需要把国土这一生态文明建设的空间载体谋划好，要遵循人口与资源环境相协调、经济社会与生态效益相统一的原则，"整体谋划国土空间开发，统筹人口分布、经济布局、国土利用、生态环境保护，科学布局生产空间、生活空间、生态空间"[②]。人们的生产生活与生态环境是紧密联系在一起的，而自然生态有自身的运行规律，它本身就是一个生命系统。人类只有善待自然，才能够获得更好的生存和发展空间。

### 三、人与自然是生命共同体

人与自然是生命共同体，马克思主义辩证地阐释了人与自然是相互联系的统一整体。"人与自然是一种共生关系，对自然的伤害最终会伤及人类自身。只

---

① 中共中央文献研究室编：《习近平关于社会主义生态文明建设论述摘编》，中央文献出版社，2017，第4页。
② 中共中央文献研究室编：《习近平关于全面建成小康社会论述摘编》，中央文献出版社，2016，第166页。

有尊重自然规律,才能有效防止在开发利用自然上走弯路。"[①] 开发利用自然的前提是尊重自然规律,这是必须遵守的原则。习近平总书记有关生命共同体的思想,吸取了马克思恩格斯的人与自然关系思想的精华,认为人与自然是辩证统一的整体,两者相互联系、不可分割。生态生命共同体中的人类与非人类的命运是联系在一起的,两者相伴相生,共同生存于人类居住的地球上,既有联系,又有区别。

人与自然的联系是客观存在的,存在于任何社会中,是社会的基本矛盾、基本关系和基本问题。每一个人都与自然生态系统保持着密切联系,人类以外的自然是一个生态系统,而人与自然又组成了一个生态系统。人只是这个生态系统中的一个组成部分,人也仅仅是人类生态系统或生物链的一个环节。自然界是人类生存和发展的基本条件,也是必要条件。人是社会关系的总和与自然关系总和的统一。每个人既与他人有联系,也与自然有联系,人与人的关系和人与自然的关系构成了人的社会属性和自然属性。这两种关系是实现人的全面发展和可持续发展的基础和前提。每个人都通过这两种关系谋求自身的生存和发展空间,谋求自身的利益与幸福。只有当人与人、人与自然的关系处于和谐状态时,人类谋求的利益才能最大化。也就是说,只有整个自然生态生命系统处于和谐状态时,人类才能实现更多的愿望,获取更多的利益。换言之,只有当生态文明建设处于良好状态时,人类才能从自然界获得更多的利益。2015 年 5 月,《中共中央　国务院关于加快推进生态文明建设的意见》中要求,加快形成人与自然和谐发展的现代化建设新格局。2015 年 9 月中共中央、国务院印发《生态文明体制改革总体方案》,明确"推动形成人与自然和谐发展的新格局"是生态文明体制改革的指导思想之一,这也是我国新时代社会主义建设的重要特征。人与自然和谐共生是建设生态文明的根本。

人与自然是一个整体,相互作用,相互制约,共生共荣。习近平总书记强调:

---

① 《习近平谈治国理政》(第二卷),外文出版社,2017,第 394 页。

"人与自然是生命共同体，人类必须尊重自然、顺应自然、保护自然。"[1] 人类只有尊重和保护自然，社会建设才能顺利进行。我们要认识到人类与自然是共生共荣的生命共同体。用途管制和生态修复必须遵循自然规律，绿化、治水以及粮食作物的耕作也需要统筹规划，这样更能保护好生态系统。统筹安排在实现人与自然和谐共生的发展中是必要的。习近平总书记指出："由一个部门行使所有国土空间用途管制职责，对山水林田湖进行统一保护、统一修复是十分必要的。"[2] 人与自然的关系是辩证统一的。为此，我们要在实际生产生活中，践行"既要绿水青山，也要金山银山。宁要绿水青山，不要金山银山，而且绿水青山就是金山银山"[3] 的理念，处理好与自然的关系，与自然和谐共生。

人类在开发、利用自然的过程中，应该坚持节约的原则，保护好自然生态环境。自然生态系统一旦被破坏，修复起来非常困难。因此，我们应该"形成节约资源和保护环境的空间格局、产业结构、生产方式、生活方式，还自然以宁静、和谐、美丽"[4]。"良好生态环境是人和社会持续发展的根本基础。"[5] 人类来源于自然，人类的一切创造活动都离不开自然。人类的进步以自然界为基础和前提，而自然能够提供给人类的最重要的就是生态环境。自然是人类赖以生存的家园。人类应该不分民族和种族，齐心协力地保护好共同的家园——地球。

党的十八大报告明确提出，"必须树立尊重自然、顺应自然、保护自然的生态文明理念，把生态文明建设放在突出地位"[6]。这就要求我国在新时代中国特色

[1]《中国共产党第十九次全国代表大会文件汇编》，人民出版社，2017，第40页。

[2] 中共中央文献研究室编：《习近平关于全面建成小康社会论述摘编》，中央文献出版社，2016，第172页。

[3]《习近平在哈萨克斯坦纳扎尔巴耶夫大学发表重要演讲 弘扬人民友谊 共同建设"丝绸之路经济带"》，《人民日报》2013年9月8日。

[4]《中国共产党第十九次全国代表大会文件汇编》，人民出版社，2017，第41页。

[5]《胡锦涛文选》（第三卷），人民出版社，2016，第645页。

[6] 胡锦涛：《坚定不移沿着中国特色社会主义道路前进 为全面建成小康社会而奋斗——在中国共产党第十八次全国代表大会上的报告》，人民出版社，2012，第39页。

社会主义生态文明建设的过程中，遵循人与自然和谐共处的基本原则，处理好人与自然的关系，尊重自然、爱护自然，保护好生态环境，努力推进人与自然和谐健康发展。人类可以利用自然、改造自然，但归根结底人类是自然的一部分，必须呵护自然，不能凌驾于自然之上。生态问题是一个关系到全世界整体规划的问题，与每一个国家、地区的经济发展方向紧密相连。人类在社会建设和日常生活中，要自觉保护好生态环境。因为生态一旦被破坏，将给人类带来难以弥补的损失。习近平总书记强调："'万物各得其和以生，各得其养以成。'中华文明历来强调天人合一、尊重自然。"[①]万物因为得到了阴阳生成的和气而产生，得到了大自然雨露的滋养而成长起来，而世间万物又滋养着人类。生态循环的过程也是万物成长的过程。中国在进行社会主义现代化建设的过程中，需要将生态文明建设放在首要位置，贯彻并落实好创新、协调、绿色、开放、共享的新发展理念；在注重创新和优化产业结构的同时，降低碳排放比例，减少能源消耗，不断增加森林面积所占国土面积的比重，构建绿色低碳环保节能的发展体系。总而言之，人类的一切活动都要以维护人与自然和谐共生为前提。习近平总书记在党的十九大报告中指出："我们要建设的现代化是人与自然和谐共生的现代化。"[②]这既是我国对新时代中国特色社会主义现代化建设以及全面建成小康社会的基本要求，也是人民群众对生活品质的追求。

## 第二节　生态生产力观：从社会发展动力的视角阐述生态文明的推动作用

生产力是社会进步的源泉，生产力的发展推动着人类社会进步。社会生产力水平决定了社会发展程度：生产力水平低，社会发展程度也相应低；生产力

---

① 中共中央文献研究室编：《习近平关于全面建成小康社会论述摘编》，中央文献出版社，2016，第180页。

② 《中国共产党第十九次全国代表大会文件汇编》，人民出版社，2017，第40页。

水平高，则社会发展程度也高。马克思恩格斯的著作中，生产力发展与人类社会发展是紧密联系在一起的。产生于工业高速发展时期的马克思主义理论自然而然高度关注生产力，但由于时代发展的局限，马克思恩格斯关于生产力的表述主要有"个人生产力""一般生产力""自然生产力""社会生产力"等，未提及"生态就是生产力"观点。21 世纪，人类越来越意识到生态环境的破坏给自身带来的灾难是深重的。2016 年 5 月 23 日，习近平总书记在黑龙江伊春考察时强调"生态就是资源，生态就是生产力"。这一论断是对马克思主义生产力理论的继承、发展和创新，它们是一脉相承的科学理论，同时把"生态环境即生产力"上升到了理论高度。

## 一、生态生产力是社会发展的重要推动力

传统生产力观形成于工业革命时期，对人与自然之间关系的认识还不全面，最大的特点就是过分强调人在生产活动中的主导作用，只看到了社会生产力，忽视了生态，没有看到自然生产力。更有甚者，把生产力简单地等同于社会生产力，完全忽视了人与自然之间的关系，把生产过程片面理解为人类征服自然并向自然界索取生活资料的单向过程，过分夸大了人的主观能动性；机械地把人与自然的关系对立起来，将思维限定在"主客二分"的框架下，"人类中心主义"的色彩非常浓厚，过分强调人的需求，也过于强调人的力量。人类实践活动具有主观能动性，人类因眼界的局限性，在生产实践中对生态环境重视不够，从而破坏了自然生态环境，造成严重的后果。

建立在传统生产力观基础上的社会实践最突出的问题就是，生产力高速发展的同时，自然生态环境遭受了重创。从某种程度上来说，近代以来人类社会的迅猛发展和生产力的快速提高是建立在牺牲生态环境的基础上的。人类对自然的肆意开发，加速了自然资源的枯竭。人类向自然界疯狂索取，人与自然之间的矛盾凸显，各种问题层出不穷：环境被污染、资源被浪费、生态平衡被打破、极端天气增多、珍稀动物濒临灭绝等。人类的生存环境面临前所未有的挑战和

威胁。人类的命运与自然的命运已经紧紧地联系在一起。人类再不直面生态问题，将面临深重灾难。基于此，人类需要正视自己的行为和态度，重新定位自身的价值和功能，正确处理与自然的关系。生态生产力的提出是社会发展的必然结果。"保护生态环境就是保护生产力，改善生态环境就是发展生产力。"①生态环境就是生产力，不仅体现了生产力"生态化"的特点，而且表明了生产力的发展与自然生态环境的改善和保护密切相关。

经济一体化、全球化加剧了生态危机的全球化，工业经济时代生产力的发展主要建立在资源消耗和环境破坏的基础上。因此，经济高速发展的同时，生态环境问题日益凸显。传统生产力理论显然不能完全适应新时代发展的需要，不论是在对现实问题的解释力上还是在对实践的指导作用上都遇到了挑战。在反思和探讨生态危机产生的原因及其解决途径的过程中，生态生产力理念应运而生。"生态就是生产力"，为解决生态危机和促进生产力的生态化提供了指导。生态生产力的提出为生产力的发展指明了方向，揭示了新时代中国在社会主义建设中必须牢牢把握生态文明这一主旋律。

从资源环境状况分析，近代以来的很长一段时间，由于能源资源丰富和生态环境良好，能源的开发空间和潜力相对较大，所以这一时期人类社会得到快速发展，虽然自然资源也遭到破坏，但是相对来说生态环境的污染和破坏对人类生产生活的影响并没有那么明显。而随着社会不断向前发展，自然资源越来越难以为继，加上粗放型发展导致生态环境急剧恶化，人民群众在享受经济发展带来的好处时，也承受着环境被破坏的后果。这给人民群众的生产生活带来了困扰，于是人民群众的利益诉求开始从发展经济转向保护生态环境。肥沃的土壤、优质的饮用水、新鲜的空气、整洁干净的环境等都是人民群众热切期盼的。生态生产力满足了人民群众对良好生态环境的期待，推动了新时代中国在社会主义现代化建设中形成绿色低碳循环发展新方式。从我国的现实情况来看，大

---

① 习近平：《论坚持人与自然和谐共生》，中央文献出版社，2022，第62页。

气、水、土壤等都受到不同程度的污染。我国在生态文明建设过程中要关注城乡、区域的不平衡,关注人民群众的不同需求。比如,城市居民周末喜欢去乡村度假,那么农村的自然生态资源就可以给农村居民带来收入,这就是潜在的生态生产力。"我国城乡、区域发展不平衡现象严重,但差距也是潜力。总之,这些潜在的需求如果能激发出来并拉动供给,就会成为新的增长点,形成推动发展的强大动力。"①

生态生产力思想并不是凭空产生的,它的产生与形成继承了马克思主义自然生产力思想,是对新时代生态文明建设的深刻总结,是党的十八大以来对习近平生态文明思想进一步的丰富和发展。它与马克思主义自然生产力思想是一脉相承的,又根植于中华优秀传统文化,是对"天人合一"思想的继承与发扬。不仅如此,生态生产力思想还吸收了现代西方文化中生态马克思主义的相关理论成果。生态生产力最大的特点就在于直接把生态和生产力联系并统一起来,既解决了经济发展与资源短缺之间的矛盾问题,又为生产力的发展提供了新的路径,即生产力"生态化"。生产力和生态之间并不矛盾,两者互为一体,现实生活中人们需要转变观念。生态生产力思想具有先进性和可行性,是新时代中国特色社会主义建设也是生态文明建设实践的重大突破。生态生产力成为党的十八大以来习近平生态文明思想的一个重要组成部分,不仅对我国生产力的发展具有重要的指导作用,也为其他国家的经济建设和社会发展提供了参照。

## 二、生态生产力的科学内涵

自然界是人类赖以生存和发展的基础,也是一切生命活动的基础。生态生产力观把自然界、人类社会和人类看作一个有机的整体。自然资源与生态环境是生产力发展的重要前提。自然界为人类提供了最基本的自然物质和空间。人

---

① 中共中央文献研究室编:《习近平关于社会主义生态文明建设论述摘编》,中央文献出版社,2017,第25页。

类只有立足于自然这个"家",通过劳动把自然界的物质和能量输入生产力系统,才能把自然界的"自在之物"转换为"为我之物"。自然界还为人类提供了生产与生活排放废弃物的容纳空间。如果没有自然界吸收、转化人类生产生活所产生的废弃物,人类良好的生存环境早已不复存在。良好的生态环境使生产力系统得以正常有序运行。生产力在发展的过程中能够把自然生态资源转化为生产力的一部分,将极大地促进经济发展,提高人民的生活水平。

生态生产力强调了自然生态因素对生产力发展的重要性。自然生态因素会制约社会经济的发展,提高自然资源的利用效率。生产发展、生活富裕、生态良好的文明发展之路,是我们建设社会主义生态文明的正确途径。生态生产力观不仅解决了生态与生产之间的关系问题,形成了生态良好与生产发展的共赢局面,而且很好地处理了生态文明建设与经济建设的关系问题。绿水青山就是金山银山,冰天雪地也是金山银山。绿水青山也好,冰天雪地也好,都是金山银山。"冰天雪地也是金山银山"进一步丰富了"绿水青山就是金山银山"的思想内涵,深刻揭示了"冰天雪地"是巨大的资源宝库。生态生产力促进了人们价值观念的转变。我们可以发展生态农业和旅游产业,把绿水青山资源和冰天雪地资源转化为绿水青山文化、冰天雪地文化,发展好绿水青山经济和冰天雪地经济,在不破坏生态环境的前提下,发展好绿色低碳经济,实现生态、人文与经济和谐共生。《中国冰雪产业发展研究报告(2024)》显示,我国冰雪产业发展较快,产业规模从2015年的2700亿元增长至2024年的9700亿元,据测算,到2025年我国冰雪产业规模将超万亿元。冰天雪地利用好了,也能带来经济的大发展。绿水青山也好,冰天雪地也罢,都能转化为生产力,推动经济社会发展,在推动经济社会发展的同时,不仅不会对生态环境造成破坏,还能实现绿色GDP的增长。

只要生态环境良好,生态文明建设就能取得丰硕成果。生态生产力观提倡处理好生态与生产、生态良好与生产发展、生态文明建设与经济建设的关系。生态生产力思想是对马克思主义生产力理论和生态经济理论的丰富、发展与创新,为统筹生态环境保护与经济建设提供了理论基础。

### 三、生态生产力的内生规律和实践要求

人与自然的关系是随着生产力的发展而不断变化的，经历了由原始、相对和谐到对立、冲突的转变过程。在工业生产力产生之前，社会生产力主要体现为农业生产力。农业生产力的发展主要受到自然条件和自然生产力的限制，生产力水平不高，并且发展速度慢。从这一点来看，农业生产力对自然生态环境的影响和破坏较小，人与自然处于一种相对平衡与和谐的状态，矛盾与冲突并不突出。然而，随着科学技术的不断发展，科学技术在生产力中的地位越来越重要。工业革命时期，科学技术的发展加速了生产力的发展。先进的科学技术一旦被人类掌握，生产力的发展就更加迅猛，人类改造自然的能力随之增强，人类的生存状况也随之发生了改变。马克思意识到科学技术是不容忽视的生产力，提出"科学技术是生产力"。生产力高速发展的同时，大量的自然资源被消耗，良好的生态环境遭到破坏。由于自然生态并不能在短时间内修复，人与自然之间的矛盾凸显，导致工业生产力的发展陷入困境。走出困境最重要的是转变观念，走出认识误区，树立新观念，即人与自然是统一的，生产力可以生态化；通过培育和发展生态化的生产力，维护社会生产力与自然生产力之间的平衡，推动生产力生态化发展，恢复人与自然之间的和谐状态。生态生产力不同于传统工业生产力，它是一种超越传统工业生产力的先进生产力，是对传统生产力的突破，代表着生产力发展的新方向和新阶段。

生态生产力观点主要有：一是坚持人与自然是一个整体的观点，要努力实现人与自然和谐共生；二是绿水青山也好，冰天雪地也好，都是国家的宝贵财富；三是最普惠的民生福祉就是良好的生态环境；四是山水林田湖草是一个系统，是生命共同体。

习近平生态文明思想将生态文明建设的时代应然性和历史必然性加以哲学思考，蕴含着丰富的发展与保护观、生态与文明观、人道主义与自然主义观等马克思主义经典理念。"绿水青山就是金山银山"是习近平生态文明思想的价值旨归，为从根本上科学认识生态文明、践行生态文明提供了价值遵循和实践范式。

"生态兴则文明兴，生态衰则文明衰。"① 生态的发展与人类文明息息相关。这就要求我们在进行生产活动时要尊重自然发展规律，注意处理好人与自然的关系。

## 第三节　生态民生观：从人民幸福观的视角实现生态文明的根本目的

中国新时代生态文明理论的核心成果习近平生态文明思想具有丰富的理论内涵，深刻回答了"为什么建设生态文明""建设什么样的生态文明""怎样建设生态文明"等重大问题，彰显了中国共产党改善民生、造福人民的初心和使命。生态民生观进一步强调了人民的内在需求，突出了社会发展的最终目的还是人的发展。习近平总书记指出："良好生态环境是最公平的公共产品，是最普惠的民生福祉。"② 对于老百姓来说，最幸福的事情就是拥有良好的生态环境。人民群众不仅期盼物质生活好，还盼望环境质量高。生态环境好了，人民群众的身体也会更健康，相应地，人民群众的生活质量也高了。因此，生态文明建设是保障民生、顺应民意之举，是"一项功在当代的民心工程、利在千秋的德政工程"③。天蓝地绿水净是民生幸福之基，也是民生幸福之义，与经济发展能提升老百姓的物质生活水平并不矛盾。

### 一、良好的生态是民生幸福之基

近年来，我国城市居民开始把生态环境作为衡量城市发展的重要指标。这

---

① 中共中央宣传部编：《习近平总书记系列重要讲话读本》，学习出版社、人民出版社，2016，第 231 页。

② 中共中央文献研究室编：《习近平关于全面深化改革论述摘编》，中央文献出版社，2014，第 107 页。

③ 习近平：《全面启动生态省建设努力打造"绿色浙江"——在浙江生态省建设动员大会上的讲话》，《环境污染与防治》2003 年第 4 期。

从侧面反映出当前我国经济发展需要以良好的生态环境为基础。无论是在经济发展还是在保障民生方面，环境保护和治理都是极其重要的。

良好的生态是最普惠的民生，纠正了狭隘的民生观念，从根本上来说，经济社会发展旨在满足人民群众的基本需求，而良好的生态正是人民群众所盼望的。良好的生态和最普惠的民生之间是和谐统一的，并不矛盾。但长期以来，我国部分地方政府存在一种狭隘的观念，认为要发展经济必然会造成一些污染，人为地将改善民生和保护生态、治理污染对立起来，这是一种极其错误的观念。我国的现代化建设完全可以在生态文明建设方面下功夫。大力发展生态生产力，既能满足人民群众的物质文化需求，又能保护生态环境，换言之，就是提升绿色 GDP，这也是建设美丽中国应有的观念和思路。

"对人的生存来说，金山银山固然重要，但绿水青山是人民幸福生活的重要内容，是金钱不能代替的。"[1]绿水青山是人民群众幸福生活的基石，转变经济发展方式、实现科学发展是我们的重要任务，我国不能再走粗放型经济发展的路子；否则老百姓的幸福感没法提升，生活质量还是老样子，对经济社会发展来说也都是不利的。对于党和政府来说，当前最重要的是要把生态文明建设好、环境污染治理好，从而提升生产生活环境的品质。"环境就是民生，青山就是美丽，蓝天也是幸福"[2]，天蓝地绿水净是人们所期盼的。

良好的生态就是最公平的公共产品，这是对政府环境治理力度的鞭策。"生态环境特别是大气、水、土壤污染严重，已成为全面建成小康社会的突出短板。扭转环境恶化、提高环境质量是广大人民群众的热切期盼。"[3]由于矿产资源的过

---

① 中共中央文献研究室编：《习近平关于社会主义生态文明建设论述摘编》，中央文献出版社，2017，第 4 页。

② 中共中央文献研究室编：《习近平关于社会主义生态文明建设论述摘编》，中央文献出版社，2017，第 8 页。

③ 中共中央文献研究室编：《习近平关于社会主义生态文明建设论述摘编》，中央文献出版社，2017，第 9 页。

度开发，很多地方已经不同程度地出现了生态环境问题，人们面临因开发而带来的各种问题。比如，空气质量不好，空气中含有粉尘；水质不好，深层地下水被污染；森林面积减少，开发过程中森林被破坏；等等。这些问题都是人们不愿意看到的，人们急切盼望良好的生态环境。改善生态环境，能使人们在享受物质文明和精神文明发展带来的丰硕成果的同时，尽享绿水青山、蓝天白云，从而提升幸福感。

生态文明建设是对我党民生思想的丰富和发展。我党的宗旨是全心全意为人民服务，一切工作的出发点和落脚点都是为了广大人民群众，人民群众所期盼的就是我党要努力的。中国共产党自成立以来，就将改善民生、造福人民作为根本宗旨。习近平总书记从实现好、维护好人民群众的根本利益出发，把良好的生态环境作为人民美好幸福生活的目标，这是新时代中国特色社会主义建设实践中对党的民生思想的进一步完善、丰富和发展。

### 二、良好的生态是民生幸福之义

"中国梦是人民的梦，必须同中国人民对美好生活的向往结合起来才能取得成功。"[①] 良好的生态环境是人民对美好生活的追求，也是人民幸福生活的一部分。自然生态环境的保护与人民幸福生活紧密相连。环境好了，人民的身心也能更加健康，极端恶劣的环境会对人民的生活造成严重困扰。保护生态环境就是保护大多数人的需求，而不是单纯满足少数人的利益。只有出发点明确了，才能做到公正、公平、公开地保护环境，从而减少环境污染带来的负面效应。人民的物质生活好了，自然而然地对生态环境的要求也高了。老百姓渴望绿水青山，渴望蓝天白云，渴望呼吸到新鲜的空气，"过去'盼温饱'现在'盼环保'，

---

① 《习近平谈治国理政》（第二卷），外文出版社，2017，第30页。

过去'求生存'现在'求生态'"①。安全的食品和干净的饮用水只是人民最基本的需求，人民还追求优美干净的生活环境和整洁安全的生产环境。基于此，生态文明建设的基本目标就是保护和改善生态环境，这也是经济社会实现良性发展的要求。人类生存和发展的最基本保障就是一个结构和功能完整、处于动态平衡和良性循环的生态系统。离开了这个生态系统，人类就无法生存下去。建设生态文明就是为了维护生态系统的安全、保障生态平衡，从而促进生态系统良性发展。人类生存和发展的基础是良好的生态环境，生态安全为生态文明建设奠定基础。生态文明建设归根结底还是为了满足人民群众对美好生活的需求，因此，生态文明建设要以具体的民生需求为出发点。习近平总书记提出，生态文明建设"要抓实做细事关群众切身利益的每项工作，努力办实每件事，赢得万人心"②。群众利益无小事，每件事都关系到人民群众的切身利益。做好每件小事，就是对良好民生最有力的回应。"老百姓对美好生活的追求，就是我们的努力方向。"③老百姓所盼望的就是我党要做实做好的事情。

我国的生态文明建设必须坚持人民的主体地位，坚持发展为了人民、发展造福人民、发展保护人民，不仅要保障人民的身体健康，还要提升人民的幸福感，以及在建设和谐、稳定、生态化社会的同时，提高人民群众的生活质量，维护好人民群众的利益。我国提出全面建成小康社会，也是为了满足民生需求。改革开放初期，生态环境质量良好，但因为保护环境这项民生工程没有引起足够的重视，所以环境遭到了一定程度的破坏。新时代中国特色社会主义生态文明建设就是要解决好生态环境问题，真正做到生态文明建设惠及广大人民群众。我国在社会主义建设中，应保障好人民群众的切身利益。

---

① 中共中央宣传部编：《习近平总书记系列重要讲话读本》，学习出版社、人民出版社，2014，第123页。

② 习近平：《之江新语》，浙江人民出版社，2013，第26页。

③ 中共中央文献研究室编：《习近平关于实现中华民族伟大复兴的中国梦论述摘编》，中央文献出版社，2013，第13页。

### 三、良好的生态与民生幸福相统一

建设良好的生态环境与保障民生幸福是内在统一的。建设良好的生态环境旨在增强人民的幸福感，而人民的幸福感是建立在良好生态环境的基础上的。生态环境一旦被破坏，人们就不得不承受自然灾害带来的苦难。各种罕见疾病的发病率越来越高，跟生态环境的破坏有直接的关联性，家庭因重大疾病返贫的现象日益增多，从而影响了人们的生活质量。良好的生态环境一方面为人们提供清洁的能源资源，让广大人民群众吃得放心、过得舒心；另一方面改善人民的身心状况，使人民有一个健康的精神面貌。

习近平总书记指出："中国古代哲人说：'凡治国之道，必先富民。'发展的最终目的是造福人民，必须让发展成果更多惠及全体人民。"[1] 发展的根本目的就是满足广大人民的需要，就是为了更好地保障和改善民生。发展是民生工程，建设生态文明也是民生工程，两者并不矛盾且价值旨归是一致的。人民群众的实际生活问题，不管多小都是我们应该注意的问题。现在人民群众的需求有了新的变化，不再满足于吃饱穿暖有房住，开始关心优美环境和良好生态带来的幸福感。"良好生态环境是人和社会持续发展的根本基础。"[2] 我们必须下大力气建设好生态文明，"集中力量做好基础性、兜底性民生建设"[3]。

建设生态文明是不断满足人民群众对环境需求的必然选择。人们在满足基本的衣食住行需求之后，对良好生态环境的需求必然增加。改革开放以来，我国经济社会发展取得举世瞩目的成就，然而，因为不当开发造成的环境污染也开始对人民群众的生产生活造成困扰。2011 年的甘肃舟曲泥石流给我们敲响了警钟。如果我们再不重视环境问题，再不狠抓环境污染和破坏行为，将会有更

---

①　习近平：《论坚持推动构建人类命运共同体》，中央文献出版社，2018，第 283 页。

②　中共中央文献研究室编：《习近平关于社会主义生态文明建设论述摘编》，中央文献出版社，2017，第 45 页。

③　《习近平谈治国理政》（第二卷），外文出版社，2017，第 374 页。

多无法预料的后果出现。良好的生态环境是人类生存和发展的基础，是社会健康发展的重要体现。人们希望安居、乐业、增收，也希望天蓝、地绿、水净。建设生态文明是民之所望、政之所向。

人民群众对居住环境的要求、对休闲生态区的向往、对优质水源的企盼，都是我们国家奋斗的目标。社会经济快速发展的今天，人们的心理压力大，人们需要在优美的环境中释放压力。我们始终要把人民群众对良好生态环境的向往作为奋斗目标，让生态环境建设的成果越来越多，成效越来越显著，生态环境保护慢不得、等不起。我们始终要牢固树立生态为民、生态惠民、生态利民的理念，加快推进生态文明建设，切实保护好我们赖以生存的生态环境，建设美好家园。

生态民生观是对生态与民生辩证统一关系的深刻认识，是新时代我党进行社会主义现代化建设应该遵循的基本理念之一。我们既要将生态纳入民生的范畴，又要从民生的角度关注生态，改善生态与保障民生是一体的，两者是紧密联系在一起的。生态民生观丰富了民生和生态的内涵，既保护了生态又改善了民生。

自然生态环境是优良空气、优质水源、安全食品和干净能源的重要来源。离开了良好的生态环境，这些都无从谈起。政府要为人民群众提供安全、舒适、放心的生态环境。关注民生、保障民生、改善民生是政府工作的出发点和着力点。政府一切工作的目标就是为民、便民、利民，这是政府提升公信力的途径。拥有良好的生态环境已成为民心所向、民意所在，可见，关注民生、共享福祉是党的执政理念。党的根本宗旨是全心全意为人民服务，人民群众关心的问题必然也是我党关切的问题。

建设和谐社会、培育社会主义核心价值观、建设生态文明都是民生工程。人民群众不仅需要一个和谐稳定的社会，还需要一个平等公正的法治社会。良好的生态环境对于人民群众而言，就是公平正义的体现，而良好生态环境建设的基础就是法治，依法治国是根本。以前人们关注的是司法公正、行政执法公正，现在更关注环境公正。环境治理好了，不是某一个人或者某几个人受益，而是人人受益。良好的生态环境是提升人民幸福感的重要因素。良好的生态环境既能保障当代人民的利益，也能保障子孙后代的利益。因此，中国走生态文明的发展道路是历史和人民的双重选择，环境公平始终是保障和改善民生的重要内容。生态文明不仅要建设，而且要建设好。

生态民生观不仅有生态观，还有民生观。生态与民生相互作用、互为一体。生态与民生是一体的，不矛盾；建设社会与保护生态环境也是一体的，不矛盾。关键是，我们不仅要从生态文明建设的角度关注民生、改善民生，也要从民生的角度关注生态文明建设，两者是可以实现共赢的。生态文明建设与民生改善始终是联系在一起的，建设生态文明的同时保障了民生，改善民生的同时促进了生态文明建设，即在保护生态中改善民生，在改善民生中保护生态，让生态为民生引领方向，成为民生的起点和终点。

## 第四节　生态法治观：从规范发展的视角加强生态文明的建设保障

法治是国家治理体系和治理能力的重要依托，党和国家一贯高度重视法治。从党的十七大到党的二十大，生态文明建设不断制度化、法治化。党的十七大提出要建设资源节约型、环境友好型社会。党的十八大强调加强生态文明制度建设，并提出"要把资源消耗、环境损害、生态效益纳入经济社会发展评价体系"，建立"资源有偿使用制度和生态补偿制度"。[①] 法治是治国理政的基本方式，要加快建设社会主义法治国家，全面推进依法治国，更加注重法治在国家治理和社会管理中的作用。党的十九大提出，生态环境建设保障重点在"改革生态环境监管体制"，并从细节方面强调"统一行使监管城乡各类污染排放和行

---

① 《胡锦涛文选》（第三卷），人民出版社，2016，第646页。

政执法职责"。①法治作为社会调控最重要的手段，发挥了举足轻重的作用。各国对法治模式进行了艰辛探索，法治生态化和生态法治化已然成为不可阻挡的社会发展趋势和历史潮流。生态文明建设只有在法律的支持和保护下才能顺利开展，每一个参与生态文明建设的公民主体、法人代表都有法可循。社会善治的前提是法治，生态文明建设需要法律保障。只有法律才能保证生态文明建设持续稳定、健康有序地向前推进。法治建设的规范化、制度化、有序化是生态文明建设的重要保障，生态文明建设中的法治建设至关重要。

《中华人民共和国宪法》序言部分着重强调："推动物质文明、政治文明、精神文明、社会文明、生态文明协调发展，把我国建设成为富强民主文明和谐美丽的社会主义现代化强国，实现中华民族伟大复兴。"②2020 年 12 月 26 日第十三届全国人民代表大会常务委员会第二十四次会议通过了《中华人民共和国长江保护法》。这是我国第一部有关流域保护的专门法律，开了我国流域立法的先河，对其他流域立法具有十分重要的意义。党的二十大提出，要"完善碳排放统计核算制度，健全碳排放权市场交易制度"③。

## 一、法治是新时代生态文明建设的根本保障

"保护生态环境必须依靠制度、依靠法治。"④各地在大力加强生态文明建设的进程中，必须重视法治，即便暂时不能像湖州那样创新地方立法，也要以符合当地实际的其他形式更加强化法治思维，更加强化法律手段。

相关法律的完善和强有力的实施是建设生态文明的必要条件。法治是治国

① 《中国共产党第十九次全国代表大会文件汇编》，人民出版社，2017，第 42 页。
② 《中华人民共和国宪法》，人民出版社，2018，序言第 4-5 页。
③ 习近平：《高举中国特色社会主义伟大旗帜　为全面建设社会主义现代化国家而团结奋斗——在中国共产党第二十次全国代表大会上的报告》，人民出版社，2022，第 52 页。
④ 中共中央文献研究室编：《习近平关于社会主义生态文明建设论述摘编》，中央文献出版社，2017，第 99 页。

理政的基本方式，环境资源法治建设既是生态文明建设的一个重要内容，又是实现生态文明的基本条件和法律保障。通过制定和实施资源环境法律来保障和促进生态文明建设，是时代赋予环境资源法律的一项历史任务。《中共中央关于全面推进依法治国若干重大问题的决定》对生态文明建设法治化提出了要求，首先是强化制度建设，其次是强调责任监管，以此促进生态文明建设，用严格的法律制度保护生态环境，加快构建有效约束开发行为和促进绿色发展、循环发展、低碳发展的生态文明法律制度，强化生产者环境保护法律责任，建立健全资源产权法律制度，完善国土空间开发保护方面的法律制度。

法律是治国之重器，良法是生态善治的基础，有法可依是有效进行生态文明建设的前提。建设生态文明的前提是完善立法，生态文明立法主要是为了解决生态文明建设有法可依的问题。生态文明建设法治化发展的基础和前提就是立法。立法不仅为生态文明建设提供了法律保障，而且决定了生态文明建设的法律地位。生态文明立法，可以确立生态文明建设的基本原则、政策措施和制度，可以就保护环境、合理开发利用资源、发展绿色经济等方面制定具体的法律法规和规章制度，使法治贯穿于生态文明建设的全过程。生态文明法治化就是将生态文明建设纳入制度化、法治化轨道，依照相关法律法规建设生态文明。法律体现了人民意志、国家意志，具有至高无上的权威，具有统一性、稳定性等特点。"只有实行最严格的制度、最严密的法治，才能为生态文明建设提供可靠保障"①，才能有效保障和促进生态文明建设。

## 二、法律是新时代生态文明建设的底线

"生态兴则文明兴，生态衰则文明衰。"生态文明建设是一场涉及生产方式、生活方式和价值观念的革命，关系人民福祉、民族将来。习近平总书记强调，

---

① 中共中央文献研究室编：《习近平关于社会主义生态文明建设论述摘编》，中央文献出版社，2017，第99页。

要牢固树立生态红线的观念,不能越雷池一步,在新时期加快推进生态文明建设,必须稳固树立底线思维。

保护生态环境是功在当代、利在千秋的事业。要保护好生态环境,就需要做到责任到人,习近平总书记指出,"要建立责任追究制度……对那些不顾生态环境盲目决策、造成严重后果的人,必须追究其责任,而且应该终身追究"①。建设生态文明是一项长期且艰巨的任务,不是短期行为。要想建设好生态文明,就必须建立起相对稳定的政策、措施和制度,而法律的稳定性恰恰符合政策稳定的基本需求。要想使生态文明建设的政策、措施和机制稳定并持续下去,最根本的就是要坚守法律底线、保护生态红线。生态文明建设的基本制度和措施要做不因领导人的改变而改变,不因领导人的看法和注意力的改变而改变。

"完成生态保护红线、永久基本农田、城镇开发边界三条控制线划定工作。"②生态红线不可以触摸,保护好生态环境、节约资源是最基本的要求。农业生产、农田保护保障了全国人民基本的粮食需求。如果农业生产发展不好,农田逐渐减少,那么将来可能出现粮食大量依赖进口的情形。这将加重国家的经济负担,给经济发展带来更大的压力。城镇开发不能占用农村的土地尤其是耕地,这是开发建设中必须守住的红线。

如何用法律守护生态红线,并为经济社会发展重新规划"绿色线路",显得尤为重要和迫切。走"五位一体,绿色跨越"发展道路,必须强化法治保障。发挥好法治的引领和规范作用,以法治思维和法治方式守护"好山好水好空气"。

### 三、依法建设是新时代生态文明的基本要求

习近平总书记指出:"法律的生命在于付诸实施……也在于公平正义。"③生

---

① 中共中央文献研究室编:《习近平关于社会主义生态文明建设论述摘编》,中央文献出版社,2017,第100页。

② 《中国共产党第十九次全国代表大会文件汇编》,人民出版社,2017,第42页。

③ 习近平:《论坚持推动构建人类命运共同体》,中央文献出版社,2018,第417页。

态文明建设不是某一行业或者某一群人的事情，涉及各个行业和部门。各地区、各单位的利益诉求不一致，导致生态文明建设过程中出现各种各样的问题。实现绿色发展的一条重要的、行之有效的途径就是法治。只有法治建设才能有效实现社会良好秩序的建立，才能协调好各种利益群体的利益。法治是最公正、最民主和最具有权威的手段。

生态文明建设是一项长期的、复杂的系统工程，不可能在短时间内完成。生态文明建设最重要的就是建立起相关的法律制度体系，以制度规范行为，以法律约束行为，从而促使环境保护工作顺利推进。建设"五型社会"，实施政府行为的最佳手段就是制定和贯彻法律。因为，只有法治国家才能更好地规范政府行为，政府依法建设"五型社会"才具有权威和效力。严格执法、公正司法是对生态文明制度执行的基本要求。习近平总书记认为制度执行是生态文明制度建设的难点，"天下之事，不难于立法，而难于法之必行"。"现在有一种现象，就是在环境保护、食品安全、劳动保障等领域，行政执法和刑事司法存在某些脱节，一些涉嫌犯罪的案件止步于行政执法环节，法律威慑力不够。"[1]"权力运行不见阳光，或有选择地见阳光，公信力就无法树立。"[2]涉及公众生态权益的案件，只要符合法律公开要求，无论在不在保密范围内，都要主动向公众公开司法和执法依据，接受公众的检验和监督，确保公开公正、透明廉洁。

我国生态文明建设法律除了要有强制力、约束力外，还应该具有普适性。因为生态文明建设需要每一个人参与，参与人数众多，要保证参与的有序性就必须加强法治；通过立法和执法，建立健全各种法律制度，形成人与自然和谐相处的局面。法律建设具有权威性、规范性、稳定性、强制性等特点，具有协调功能、综合功能、规范作用和保障作用。想要树立生态文明建设的权威，必

---

[1] 中共中央文献研究室编：《十八大以来重要文献选编》（上），中央文献出版社，2014，第 722–723 页。

[2] 中共中央文献研究室编：《十八大以来重要文献选编》（上），中央文献出版社，2014，第 720 页。

须将相关政策措施上升到法律的高度，这样才能对生态文明建设产生规范化的影响。国家强制力是保障法律实施的最有效手段，要建设好生态文明，就应该拿起法律武器与破坏自然生态环境的行为做斗争，有效制止不良行为的发生。通过生态文明建设法律的制定、实施，追究各责任主体的违法、越权和失职行为，维护好保护自然生态环境主体的利益，强有力地保障生态文明建设的法治化、制度化。

# 第五章 | 中国新时代生态文明理论的实践遵循

　　生态文明建设是党中央准确把握我国发展阶段特性，为实现中华民族永续发展所做出的重大战略决策，同时也是新时代中国特色社会主义建设的重要内容。党的十八大以来，党中央始终把生态文明建设放在治国理政的重要战略位置，作为统筹推进"五位一体"总体布局和协调推进"四个全面"战略布局的重要举措，党中央对生态文明建设进行了系统化、整体化的战略部署。党的十八届三中全会提出，建立系统完整的生态文明制度体系。党的十八届四中全会又提出，用严格的法律制度保护生态环境，再次将生态文明建设提升到制度建设和保护层面，生态环境更加制度化、法治化。党的十八届五中全会提出五大发展理念，即创新、协调、绿色、开放、共享，进一步凸显了生态文明建设实践的重要性和紧迫性，同时为新时代生态文明建设提供了新的战略导向。党的十九大报告提出，"加快生态文明体制改革，建设美丽中国"，为生态文明建设指明了新的方向。新时代，我国生态文明建设随着中国特色社会主义建设而不断向前推进。党的二十大报告指出，要"推动绿色发展，促进人与自然和谐共生"，为我国新时代生态文明建设明确了更为宏伟的奋斗目标。

　　习近平总书记在党的十九大报告中提出，持续推进生态文明建设，解决环境问题必须"构建政府为主导、企业为主体、社会组织和公众共同参与的环境治理体系"[1]。"必须树立和践行绿水青山就是金山银山的理念"被写入中国共产

---

[1] 《中国共产党第十九次全国代表大会文件汇编》，人民出版社，2017，第41页。

党全国代表大会报告。党的十九大通过的《中国共产党章程（修正案）》，强化和凸显了"增强绿水青山就是金山银山的意识"的表述。这不但有利于全党全社会牢固树立新时代中国特色社会主义生态文明观，共同建设美丽中国，开创新时代中国特色社会主义生态文明建设的崭新局面，而且表明了党和国家在决胜全面建成小康社会的历史性时刻对生态文明建设作出了根本性、全局性和历史性的战略部署。生态文明建设为建成富强民主文明和谐美丽的社会主义现代化强国作出了独特贡献。

在生态文明建设中该怎样践行习近平生态文明思想，是一个值得我们所有人深入思考的问题。首先，要树立正确的保护和改善生态环境的意识；其次，要践行以保护环境为主的理念，推进国家社会治理体系和治理能力现代化，实现生态文明建设的制度化、法治化和现代化，严守生态保护红线、环境质量底线、资源利用上线三条红线不动摇。

## 第一节　新目标：全面推进美丽中国建设

作为中国梦的一个重要组成部分，生态文明建设的重要目标"美丽中国"在党的十八大被写进了政府工作报告。党的十九大把美丽中国作为新时代中国特色社会主义现代化目标写进党章。党的十九大报告对生态文明建设的成效做了总结，重点部署了生态文明体制改革的任务。建设美丽中国的目标，是新时代建设生态文明和美丽中国的指导方针和基本遵循。党的十九大报告不仅为中华民族伟大复兴的中国梦描绘了一幅宏伟蓝图，而且为实现这一蓝图提出了一系列新思想、新论断、新提法、新举措。党的二十大报告指出，我国"美丽中国目标基本实现……美丽中国建设成效显著"①，并进一步强调推进美丽中国建

---

① 习近平：《高举中国特色社会主义伟大旗帜　为全面建设社会主义现代化国家而团结奋斗——在中国共产党第二十次全国代表大会上的报告》，人民出版社，2022，第24—25页。

设需要从四个方面入手。2023 年 5 月，全国生态环境保护大会提出"全面推进美丽中国建设"。同年 12 月，《中共中央　国务院关于全面推进美丽中国建设的意见》发布，提出了全面推动美丽中国建设的目标路径、重点任务和重大政策，明确将建设美丽中国作为全面建设社会主义现代化国家的重要目标。

经过 10 多年的实践之后，我国生态文明建设在理论上有了重大突破，在实践上有了重大创新。美丽中国既是中国人民对未来美好生活的愿景，也是党的奋斗目标之一。推进生态文明、美丽中国建设，是着眼于人民幸福和民族未来永续发展的根本大计、长远目标。建设美丽中国这一时代使命寄托着人们美好的愿望，也表达了一代又一代中国共产党人对人民的承诺以及对中国未来美好愿景的勾勒，承载着富强民主文明和谐美丽的中国梦。

美蕴含自然之美、生态之美、人文之美、和谐之美，同时也是时代之美、环境之美、社会之美、生活之美、百姓之美的统一。实现美丽中国意味着人与自然、人与社会、人与人自身实现了和谐发展，同时表明中国共产党执政理念和中国特色社会主义建设更加尊重自然、爱护自然，更加注重人民的内心感受。坚持人与自然和谐共生、建设美丽中国是新时代中国特色社会主义建设的基本方略之一。实践证明，推进生态文明建设是把握经济发展内在规律和发展趋势的理论创新成果，是关键时刻转变经济发展方式的正确选择。

## 一、自然资源的定位要科学化、合理化

党的十八大以来，习近平总书记不断强调"环境就是生产力"，把"自然休养"发展为更积极主动的"生态修复"，强调给自然留下更多的生态空间。自然资源是人类社会发展的根基。合理利用自然资源是实现可持续发展的重要途径，是维护城市生态平衡的基础。怎样合理利用自然资源？从生态角度讲，简单来说就是在经济发展过程中，经济发展带来的效益大于成本，即以最小的资源消耗和环境代价换取最大的经济效益。合理利用资源既不对人类的生产生活造成妨碍，也不对自然生态系统造成破坏；既促进了经济社会发展，又维持了生态平衡。

截至 2022 年底，中国已发现 173 种矿产，其中，能源矿产 13 种，金属矿产 59 种，非金属矿产 95 种，水气矿产 6 种。2022 年，中国近 1/4 的矿产储量均有上升。其中，储量大幅增长的有铜、铅、锌、镍、钴、锂、铍、镓、锗、萤石、晶质石墨等。2022 年煤炭消费占一次能源消费总量的 56.2%，石油占比 17.9%，天然气占比 8.4%，水电、核电、风电、太阳能等非化石能源占比 17.5%。与 10 年前相比，煤炭消费占能源消费的比重下降了 12.3 个百分点，水电、核电、风电、太阳能发电等非化石能源比重提高了 7.8 个百分点。[①] 中国能源消费结构持续优化。

全国地表水环境质量持续向好。Ⅰ ~ Ⅲ类水质断面比例为 87.9%，比 2021年上升 3.0 个百分点，好于年度目标 4.1 个百分点；劣 Ⅴ类水质断面比例为 0.7%，比 2021 年下降 0.5 个百分点。地下水水质总体保持稳定。[②] 全国土壤环境风险得到基本管控，土壤污染加重趋势得到初步遏制。农用地土壤环境状况总体稳定。我国的矿产资源和水资源人均占有量都偏低。所以，对于我国的经济建设来说，节约资源、利用好资源是重中之重的任务。

合理利用自然资源必须遵循以下原则：第一，经济效益、社会效益与生态效益相统一的原则，即在保证生态效益不受损害甚至增长的前提下，满足经济效益、社会效益以及广大人民群众的需求。第二，对不可再生资源坚持节约和综合利用的原则。不可再生资源一旦被消耗殆尽，就不会再生，也就意味着这一资源不会再有。现实生活中，不少资源都是不可再生的，比如煤、石油、天然气、铜、铁、金等。第三，对恒定性资源坚持充分利用的原则，比如太阳能、风能、光能等都是可以充分利用的。第四，对可再生资源坚持永续利用的原则。利用可再生资源也要坚持节约的原则。促进人与自然和谐发展，必然要求资源环境保护与经济社会发展、环境资源保护与社会主义新农村建设、环境资源生

---

① 以上数据来源于《中国矿产资源报告（2023）》。
② 以上数据来源于《2022 中国生态环境状况公报》。

态文明与"三个文明"建设和谐统一。我们在具体生产生活中需要做到：尽量减少不必要的废料的产生并对其进行回收利用；对已产生的核废料进行分类收集，必须严格遵守有关法规，分别贮存和处理。

## 二、树立了自然环境建设的新标准

党的十八大以来，我国生态环境保护发生了历史性、转折性、全局性变化，据统计资料显示，我国自然保护地面积占陆域国土面积的18%，300多种珍稀濒危野生动植物野外种群数量稳中有升，全国森林覆盖率提高到24.02%。美国航天局卫星在2000—2017年收集的数据显示，全球绿化面积增加了5%，中国的植被增加量占过去17年里全球植被总增量的25%以上，位居全球首位。中华民族历来尊重自然、热爱自然，保护好自然环境是我们共同的使命与担当。

2018年3月，第十三届全国人民代表大会第一次会议报告指出，"五年来，生态环境状况逐步好转。制定实施大气、水、土壤污染防治三个'十条'并取得扎实成效。单位国内生产总值能耗、水耗均下降20%以上，主要污染物排放量持续下降，重点城市重污染天数减少一半，森林面积增加1.63亿亩，沙化土地面积年均缩减近2000平方公里，绿色发展呈现可喜局面"，报告还强调"树立绿水青山就是金山银山理念，以前所未有的决心和力度加强生态环境保护。重拳整治大气污染，重点地区细颗粒物（$PM_{2.5}$）平均浓度下降30%。加强散煤治理，推进重点行业节能减排，71%的煤电机组实现超低排放。优化能源结构，煤炭消费比重下降8.1个百分点，清洁能源消费比重提高6.3个百分点。提高燃油品质，淘汰黄标车和老旧车2000多万辆。加强重点流域海域水污染防治，化肥农药使用量实现零增长。推进重大生态保护和修复工程，扩大退耕还林还草还湿，加强荒漠化、石漠化、水土流失综合治理。开展中央环保督察，严肃查处违法案件，强化追责问责"。

**持续深入打好污染防治攻坚战**　2012—2021年，单位国内生产总值（GDP）能耗累计下降26.2%，全国地表水优良水质断面比例由61.7%提高到84.9%，全国地级以上城市空气质量优良天数比率达到 87.5%。2018 年，中央生态环保督察组分两批共对 20 个省份实施督察"回头看"，紧盯督察整改，重拳打击生态领域环保形式主义、官僚主义问题，公开 103 个典型案例，推动解决 70000 多个群众身边的生态环境问题，问责超过 8000 人，有效传导压力，倒逼整改落实。2018 年 6 月，中共中央、国务院印发《关于全面加强生态环境保护 坚决打好污染防治攻坚战的意见》，明确了打好污染防治攻坚战的时间表、路线图和任务书。这些措施充分表明我党建设生态文明的决心和信心，为我国打赢三大攻坚战奠定了坚实的基础。

**坚持山水林田湖草沙生命共同体的理念，实现系统化保护和治理**　党的十八大以来，我国已成为全球改善空气质量速度最快的国家，优良天数比率达到 87.5%，全国地表水Ⅰ～Ⅲ类断面比例上升至 84.9%。

截至 2018 年底，全国 31 个省（区、市）1586 个水源地的环境问题整治基本完成，国家级自然保护区违法违规问题得到有效遏制，全国 338 个地级以上城市空气质量持续改善。我国 2019 年 3 月公布的《2018 年全国生态环境质量简况》显示：全国 338 个城市中，有 121 个城市环境空气质量达标，占全部城市数的 35.8%，同比上升 6.5 个百分点；338 个城市平均优良天数比例为 79.3%。471 个监测降水的城市（区、县）中，酸雨频率平均为 10.5%，同比下降 0.3 个百分点。全国降水 pH 年均值范围为 4.34～8.24。1940 个国家地表水考核断面中，Ⅰ～Ⅲ类水质断面比例为 71.0%，同比上升 3.1 个百分点；劣Ⅴ类断面比例为 6.7%，同比下降 1.6 个百分点。长江、黄河、珠江、松花江、淮河、海河、辽河七大流域和浙闽片河流、西北诸河、西南诸河的 1613 个水质断面中，Ⅰ～Ⅲ类水质断面比例为 74.3%，同比上升 2.5 个百分点；劣Ⅴ类断面比例为 6.9%，同比下降 1.5 个百分点。2018 年监测的 2583 个县域中，植被覆盖指数为"优""良""一般""较差"和"差"的县域分别占国土面积的 45.4%、12.6%、8.5%、11.7% 和 21.8%。我国高度重视生物多样性保护工作，是生物多样性最丰富的国家之一，近年来生物多样性总体保持稳定。①

2022 年，全国地表水环境质量持续向好。Ⅰ~Ⅲ类水质断面比例为 87.9%，比 2021 年上升 3 个百分点，好于年度目标 4.1 个百分点；劣 Ⅴ 类水质断面比例为 0.7%，比 2021 年下降 0.5 个百分点，地下水水质总体保持稳定。中国拥有森林、草地、荒漠、湿地、海岛、红树林、珊瑚礁、海草床、河口和上升流等多种类型自然生态系统，有农田、城市等人工、半人工生态系统。2022 年，《中国生物物种名录》收录物种及种下单元 138293 种（物种 125034 个、种下单元 13259 个）。列入《国家重点保护野生动物名录》的野生动物有 980 种和 8 类，大熊猫、海南长臂猿、普氏原羚、褐马鸡、长江江豚、长江鲟、扬子鳄等为我国所特有。② 我国整体水质好转，植被覆盖率逐年上升，生物多样性的保护工作取得了显著成果。这些数据变化的背后是环境质量的逐步改善。

**"坚持全民共治"，有效控制污染需要公众参与** 公众对生态城市建设的参与方式和程度决定着生态城市目标实现的进程。它对污染控制起着积极的促进作用，有助于环境决策的科学化、民主化，是一种行之有效的监督机制。公众要用实际行动践行"公民十条"：关爱生态环境，节约能源资源，践行绿色消费，选择低碳出行，分类投放垃圾，减少污染产生，呵护自然生态，参加环保实践，参与环境监督，共建美丽中国。有效控制污染，需要强化公民生态环境意识，使公民自觉践行"绿水青山就是金山银山"的理念，在全社会大力传播社会主义生态文明观，共同推动形成人与自然和谐发展的现代化建设新格局。

## 三、确立了生态文明社会的新形态

建设"五型社会"，最重要的是保护好生态环境，实现企业生产、人民生活、

---

① 以上数据来源于《2018 年全国生态环境质量简况》。
② 以上数据来源于《2022 中国生态环境状况公报》。

社会生态的良性互动。"五型社会"是指资源节约型社会、环境友好型社会、循环经济型社会、和谐社会、生态文明社会。环境友好型社会是一种人与自然和谐共处的社会形态，是指人对自然生态环境持友好态度、友好行为的文明社会，倡导的是环境文化和生态文明；奉行环境友好、人与自然和谐的理念，树立热爱自然、关爱生命、保护环境的良好社会风尚；以环境承载力为基础，以遵循自然规律为准则，节约利用自然资源，保护好建设好生态环境。资源节约型社会是奉行节约资源的理念、生产方式、生活方式和消费方式，用综合手段对资源实现节约利用、高效利用和可持续利用，尽量用最少的资源消耗获取最大的经济效益，以实现经济、社会和环境可持续发展的社会形态。循环经济型社会是以实现循环经济发展为特征的社会形态。它是环境友好型社会和资源节约型社会在经济活动领域中的一种实现途径和形式。和谐社会主要指社会各要素相互依存、相互作用、相互协调和相互促进，人与人和谐相处、人与自然和谐相处、人与社会和谐相处的社会形态。生态文明社会倡导的是生态文明观，指人类社会与自然生态有机融合，人与自然和谐相处是生态文明社会的基本特点。

2015 年 5 月 27 日，习近平总书记在华东七省市党委主要负责同志座谈会上再次强调要认真贯彻落实绿色发展、协调发展的理念，积极推进区域和城乡协调发展，加快建立城乡一体化，实现基本公共服务均等化，"要科学布局生产空间、生活空间、生态空间，扎实推进生态环境保护，让良好生态环境成为人民生活质量的增长点，成为展现我国良好形象的发力点"[①]。2018 年 12 月 15 日，生态环境部在中国生态文明论坛年会上，命名授牌了第二批 16 个"绿水青山就是金山银山"实践创新基地和 45 个国家生态文明建设示范市县。这些基地和市县是我国推进生态文明建设的先进典型，在新时代中国特色社会主义生态文明

---

① 《习近平在华东七省市党委主要负责同志座谈会上强调　抓住机遇立足优势积极作为系统谋划"十三五"经济社会发展》，《人民日报》2015 年 5 月 29 日。

建设中发挥了重要引领和示范作用。同时，在我国"五型社会"建设中，它们起到了重要的带头作用，促进了生产、生活、生态"三生"共赢局面的实现。"统筹生产、生活、生态三大布局，提高城市发展的宜居性。……城市发展要把握好生产空间、生活空间、生态空间的内在联系，实现生产空间集约高效、生活空间宜居适度、生态空间山清水秀。"①

"植树造林，种下的既是绿色树苗，也是祖国的美好未来"②。"森林是陆地生态系统的主体和重要资源，是人类生存发展的重要生态保障。不可想象，没有森林，地球和人类会是什么样子。"③全体人民都要保护好身边的森林资源，森林资源是良好生态环境的保障，不仅能够防风固沙、净化空气，还为人类提供了更多的生产生活原料。

我国自然保护区建设是生态文明建设的重要举措，在自然生态保护方面取得了显著效果。自 1956 年建立第一处自然保护区以来，我国已基本形成类型比较齐全、布局基本合理、功能相对完善的自然保护区体系，这一体系是自然生态保护的重要保障。截至 2016 年底，全国已建立 2740 处自然保护区，总面积达 147 万平方千米，部分珍稀濒危物种野外种群逐步恢复。自然保护区是维护国家生态安全的重要基石，必须从中华民族永续发展的高度来认识保护工作的重要意义。2017 年，我国启动"绿盾行动"，保护现有的 446 个国家级自然保护区。我们要重点建设好自然保护区，保护好自然保护区，还自然宁静、和谐、美丽。自然保护区不仅为我们提供了休养生息的良好环境，也给经济社会发展带来了积极的影响和看得见的生态效益。2022 年，全国共遴选出 49 个国家公园候选

---

① 中共中央文献研究室编：《习近平关于社会主义生态文明建设论述摘编》，中央文献出版社，2017，第 66 页。

② 中共中央文献研究室编：《习近平关于社会主义生态文明建设论述摘编》，中央文献出版社，2017，第 120 页。

③ 中共中央文献研究室编：《习近平关于社会主义生态文明建设论述摘编》，中央文献出版社，2017，第 115 页。

区（含三江源、大熊猫、东北虎豹、海南热带雨林和武夷山等 5 个正式设立的国家公园），总面积约 110 万平方千米，拥有世界自然遗产 14 处、世界自然与文化双遗产 4 处、世界地质公园 41 处。[①] 这些国家公园为自然生态系统留下休养生息的国土空间，为人民群众提供更多更优质的生态产品，为美丽中国建设目标筑牢生态根基。

"要大力宣传节水和洁水的观念。树立节约用水就是保护生态、保护水源就是保护家园的意识，营造亲水、惜水、节水的良好氛围。"[②] 水是人类的生命之源，生态之基，生产之要。水是不可或缺的重要资源，人类离开了水就无法生活。我们不单要有世界水日、中国水周的宣传，还需要把保护水资源落实到具体的生产生活实践中。节约用水是每一个公民的责任和义务，和每个公民的生活息息相关。节约用水也是贯彻落实习近平生态文明思想的重要举措。

"五型社会"之间相互作用、相互影响，它们都体现了绿色理念、环保理念、生态理念，都提倡资源节约、环境保护、生态文明。它们的基本要求都是正确处理人与人、人与自然、人与社会的关系，实现人与社会、自然和谐相处，促进经济社会和生态的良好发展。简而言之，建设"五型社会"就是以生态文明建设为旗帜，突出生态文明建设。发展是包括经济、社会、文化、政治和人口、环境、资源在内的全面协调可持续的发展，是绿色发展、循环发展和低碳发展。经济建设不是以 GDP 增长为主，而是要创新发展理念，转变经济发展方式，优化产业结构，提高经济效益，降低消耗，保护环境，是人口、资源、环境的协调发展，是包括生态经济、绿色经济和低碳经济的经济发展。"五型社会"和"五位一体"总体布局是统一的，都是以实现人民对美好生活的向往为根本宗旨。

---

① 数据来源于《2022 中国生态环境状况公报》。
② 中共中央文献研究室编：《习近平关于社会主义生态文明建设论述摘编》，中央文献出版社，2017，第 116 页。

# 第二节　新战略：将生态文明建设纳入"五位一体"总体布局

2012 年 11 月，党的十八大从新的历史起点出发，首次将生态文明建设作为"五位一体"总体布局的一个重要组成部分，提出"大力推进生态文明建设"的战略决策，从 10 个方面描绘了党和国家今后推进生态文明建设的宏伟蓝图。党的十八大报告不仅论述了生态文明建设的重大成就、重要地位和重要目标等，而且全面而深刻地论述了生态文明建设的方方面面，从而完整地描绘了今后相当长一段时间内我国生态文明建设的宏伟蓝图。党和国家把生态文明建设上升到社会发展理论和国家战略的新高度。

## 一、社会主义文明体系建设的基本条件

党的十八大首次将生态文明建设提升到与中国特色社会主义经济、政治、文化、社会建设同等重要的位置，提出要建设"美丽中国"、实现"五位一体"的发展战略目标，对生态文明建设的意义、内涵、经验做了充分的论述。生态文明建设是经济建设、政治建设、文化建设和社会建设四大建设的前提和基础。在"五位一体"总体布局中，生态文明建设处于核心地位，经济建设是中心和基础，政治建设是方向和保障，文化建设是灵魂和血脉，社会建设是支撑和归宿，这五大建设相互关联、相互作用、相互渗透。生态文明是全新的、高级别的社会文明形态，它是对传统农业文明、工业文明的继承和发展，同时又是物质文明、精神文明、政治文明的载体。经济建设、政治建设、文化建设、社会建设都是在一定的生态环境下进行的，都要建立在人与自然关系的基础上。生态环境一旦被破坏，自然界就不能为"四大建设"持续提供能源与资源，那"四大建设"就失去了根基。

生态文明建设是新时代中国特色社会主义事业的重要内容，关乎人民的幸

福生活，关乎民族的未来，事关"两个一百年"奋斗目标和中华民族伟大复兴中国梦的实现。党和国家高度重视生态文明建设，先后作出了一系列重大战略决策和部署，积极推动生态文明建设，实现了新时代生态文明建设的新发展。

我党在对我国基本国情作出准确判断的基础上，将生态文明建设纳入新时代中国特色社会主义现代化强国建设的伟大进程中，对生态文明建设的地位进行了精准的定位。在 40 余年的改革开放中，我们曾经牺牲了一部分生态环境和资源来换取 GDP 的增长，经济发展成效显著。然而，时至今日，各种自然灾害频发，自然界对我们的报复也越来越明显。生态文明建设是党的十八大以来我国经济社会发展的一项重要战略决策，也是新时代中国特色社会主义建设和发展的必然选择。

## 二、全面建设社会主义现代化国家的必然要求

"从全面建成小康社会到基本实现现代化，再到全面建成社会主义现代化强国，是新时代中国特色社会主义发展的战略安排。"[①] 目前，中国经济社会发展最重要最紧迫的任务就是全面建设社会主义现代化，既要做到经济发展的平衡和充分，更要满足人民群众多元化的生活需求。经过 40 余年的改革开放，我国的经济发展取得了举世瞩目的成就，创造了其他发达国家几十年甚至上百年才取得的成绩：老百姓富裕了，社会安定了，国家富强了，中国特色社会主义建设成效显著。我国成为世界第二大经济体，跻身世界经济大国行列，国际影响力与日俱增，正积极融入全球经济发展的时代浪潮中。然而，我们在发展经济时没有兼顾好保护环境的责任，以致我国的生态环境呈现恶化的态势。自 20 世纪 80 年代以来，环境污染日益加剧，我们不得不忍受工业发展带来的大气污染、水污染、土壤污染等各种污染，同时还要面对全球气候变暖导致的极端恶劣天气，

---

① 《中国共产党第十九次全国代表大会文件汇编》，人民出版社，2017，第 23 页。

为经济发展付出的生态代价过于惨痛。长期以来我国经济增长主要依赖大量能源的消耗来实现，由于大部分能源资源是不可再生的，因此，能源资源会逐渐减少甚至消耗殆尽。目前，我国能够实现自我供应的能源资源种类很少，正面临能源资源短缺。更为严重的是环境污染和生态破坏的程度已经达到我国自然承载力的极限。我国的经济发展迫切需要找到一条既不破坏生态系统，又能逐步修复生态系统，还能实现经济持续稳定向前发展的办法，以实现人与自然和谐发展。转变经济发展方式、树立全新的发展理念、合理利用资源与能源、保护好生态环境是实现经济社会可持续发展的内在要求。

全面建设社会主义现代化国家是我党孜孜以求的历史宏愿，是我们实现现代化目标的第一步，也是关键一步。这个目标实现之时，中国经济总量预计达到214.47万亿元，人民生活水平将明显提高。将生态文明建设纳入全面建设社会主义现代化国家的目标中也是中国式现代化的应有之义，充分体现了党对人民群众、对新时代中国特色社会主义发展的历史责任感和使命感。我们不能只顾当下的发展，还要将目光放长远，要着眼于中华民族子孙后代的利益。

全面建设社会主义现代化国家在生态文明建设方面的重要体现就是要树立绿色低碳发展观，转变发展理念，改变粗放型经济发展模式。将生态文明建设与全面建设社会主义现代化国家相结合是我国建设社会主义现代化国家的起点，也是新时代我党的奋斗目标。只有改变高投入、高消耗、高排放、低产出的粗放式经济增长模式，摒弃"先污染后治理"或"边发展边治理"的发展理念，才能实现全面推进美丽中国建设的目标。我国正处于后工业化时代和向城镇化过渡的时期，资源短缺、能源不足、生态不堪重负已成为全面建成小康社会的"绊脚石"。所以说，新时代生态文明建设是全面建设社会主义现代化国家，促进人与自然和谐共生，破解我国发展难题，突出发展优势，树立创新、协调、绿色、开放、共享的新发展理念，实现新时代、新发展、新跨越的根本要求。

### 三、积极回应人民群众日益增长的环境保护需求

自 1981 年党的十一届六中全会提出我国社会主义初级阶段的主要矛盾以来，中国特色社会主义建设不断向前发展，我国的社会主要矛盾已经发生了变化。"我国社会主要矛盾已经转化为人民日益增长的美好生活需要和不平衡不充分的发展之间的矛盾。"[①] 人民群众的生活需求从当初最基本的解决温饱问题逐渐转化成更高品质的需求即对美好生活的需要。这就意味着基本的物质已经不能满足人民群众的需要，人民开始注重精神追求，对民主法治、公平正义、诚信友爱等方面提出了更高要求。在日常生活中，人们开始关注食品安全、生态安全、环境建设等。从国家战略角度看，实现中华民族伟大复兴的中国梦，必须注重生态文明建设。中国特色社会主义生态文明建设关乎人们的幸福生活，关乎国家和民族的未来。面对我国严峻的生态形势，党和国家已经明确提出要促进我国经济健康、稳定、持续地发展，建设美丽中国，实现中华民族伟大复兴的中国梦。

如今我国综合国力、国际地位以及人民生活水平均得到大幅提升，无论物质生活水平还是文化发展水平都有了巨大提升。在这样的时代背景下，人民开始既要"生存"也要"生态"，既要"温饱"也要"环保"，因此，"不平衡不充分"的问题凸显。"不平衡"包括经济建设与生态文明建设、人与自然发展的不平衡；"不充分"包括生态文明建设、绿色发展、高质量高效益发展的不充分。中国特色社会主义进入新时代，生态产品已经成为重要的民生产品。可以说，保护生态就是保护民生，发展生态就是改善民生。

美好生活需要就包括生态环境需求。通过生态文明体制改革，我国正在很好地解决人类生产所面临的"斯芬克斯难题"，即在经济利益最大化的同时不造成生态环境的破坏，引领经济沿着只增加人类福利、不带来伤害的正确轨道向前发展。我国的经济发展一直以马克思恩格斯的生态思想为指导，重视生态文

---

[①] 《中国共产党第十九次全国代表大会文件汇编》，人民出版社，2017，第 9 页。

明建设,重视人与自然的和谐发展,并取得了显著成效。尤其是党的十八大以来,人们的绿色发展理念不断增强,生态文明建设管理制度逐步形成和完善,生产活动单位能耗逐步下降,环境治理力度持续加强,环境状况逐步好转。与此同时,我们也应当清醒地认识到,在生态文明建设方面还存在着一些突出的问题亟待解决。生态环境保护任重道远,与老百姓生活息息相关的大气、土壤、水等方面的生态问题依然存在,工业时代遗留的问题给生态系统修复、保护和完善工作带来严峻挑战。食品、空气、饮水、衣料等存在着比较严重的安全问题,生产、能源资源使用、生态系统保护和修复等也存在比较严重的问题。

随着我国人民生活水平的提高,人民对美好生活的需要日益广泛,对生态环境的要求也必然不断提高;而生态文明建设发展不平衡不充分的问题以及全球气候的变化对人类影响的加剧,使生态环境保护任重道远。建设生态文明是中华民族永续发展的千年大计。我们"必须树立和践行绿水青山就是金山银山的理念,坚持节约资源和保护环境的基本国策,像对待生命一样对待生态环境,统筹山水林田湖草系统治理,实行最严格的生态环境保护制度,形成绿色发展方式和生活方式,坚定走生产发展、生活富裕、生态良好的文明发展道路,建设美丽中国,为人民创造良好生产生活环境"[①]。

建设天蓝、云白、地绿、水清的美丽中国是中华民族伟大复兴中国梦的重要组成部分。"白天深呼吸,晚上数星星"已经成为人民群众对良好生态环境的期盼。社会主要矛盾的转变在生态文明建设上则表现为,尽管各地贯彻绿色发展理念的自觉性和主动性显著增强,忽视生态环境保护的状况明显减少,但依然存在重 GDP 增长、轻环境保护的问题。为此,我们要大力提升发展质量和效益,牢牢守住可持续发展的生命线,让绿地常在、绿水长流、空气常新。生态环境保护任重道远,要牢固树立社会主义生态文明观,让生态环境保护的理念在法律和政策中得到更多体现,成为社会各界在新时代中国特色社会主义现代

---

① 《中国共产党第十九次全国代表大会文件汇编》,人民出版社,2017,第 19 页。

化强国建设中的共同遵循，如此才能通过高质量、有效益的绿色循环低碳发展推动形成人与自然和谐共生的现代化建设新格局，实现在全面建成小康社会的基础上到 21 世纪中叶建成富强民主文明和谐美丽的社会主义现代化强国。

新时代生态文明建设要形成环境质量优、生态系统稳、全民生态文明素质高的全新发展格局，与此同时，充分估计生态文明建设的复杂性、艰巨性、长期性，打总体战、攻坚战、持久战。环境保护是生态文明建设的重中之重，但环境保护也不是生态文明建设的唯一任务。生态文明建设除了要保护好环境，还需要合理利用资源，关键要以环境问题为导向，倒逼经济布局调整，优化产业结构，实现总体布局、科学规划、分类施策，系统推动生态文明建设。

我们应把资源消耗、环境破坏、生态效益纳入经济社会发展评价体系，建立体现生态文明要求的目标体系、考核办法、奖惩机制；建立国土空间开发保护制度，完善最严格的耕地保护制度、水资源管理制度、环境保护制度；深化资源性产品价格和税费改革，建立反映市场供求和资源稀缺程度、体现生态价值和代际补偿的资源有偿使用制度和生态补偿制度；加强环境监管，健全生态环境保护责任追究制度和环境损害赔偿制度；加强生态文明宣传教育，增强全民节约意识、环保意识、生态意识，形成合理消费的社会风尚，营造爱护生态环境的良好风气。

我们应抓住当前主要问题，努力打好"蓝天保卫战"，积极组织好"清水攻坚战"，扎实推进"净土阵地战"，持续推进"生态保护建设持久战"，推进绿色社区、绿色园区、绿色乡镇、绿色学校、绿色单位、绿色消费等工程，在夯实基础、提高全民素质上狠下功夫。

### 四、向世界彰显中国负责任形象的战略之举

生态文明建设是实现人与自然和谐共生的必然要求，也是世界文明发展、人类社会进步的重要体现。资本主义国家的经济发展以最大限度获取剩余价值为目的，自然环境只是他们资本增值的筹码。这就决定了资本主义国家在经济

发展与自然环境发生冲突时，必然会牺牲环境。社会主义生产最重要的目的是最大限度地满足人民群众对美好生活的需求，美好的自然生态环境成为社会主义国家追求的目标。从这一客观实际出发，不难看出，社会主义国家更能担起世界生态文明建设的重任。

生态文明建设不单是中国的事情，也是世界生态文明建设的一项重要内容。中国在生态文明建设上不仅具有民族责任与时代责任，还具有全球责任，因为中国是一个全球性的人口大国、领土大国与经济大国。中国生态文明建设的全球责任是相对于民族国家责任而言的。

改革开放以来，特别是 21 世纪以来，我国在加快对外开放进程中全面融入国际体系，遵守国际规则，履行权利和义务，在国际体系中的建设性作用不断增强，对国际秩序向更加公正合理方向发展产生重要作用。习近平总书记指出，我们"要推动全球治理理念创新发展，积极发掘中华文化中积极的处世之道和治理理念同当今时代的共鸣点，继续丰富打造人类命运共同体等主张，弘扬共商共建共享的全球治理理念"[1]。在此背景下，我们对国际秩序和国际体系的认知与定位调整为"中国是现行国际秩序的坚定维护者"。

当前世界的资源分布情况发生了巨大变化，包括中国在内的发展中国家在分享世界资源的同时也面临诸多环境问题。发展中国家的资源消耗量明显增加，污染排放的重心逐步向发展中国家转移。2016 年全球产生了 20.1 亿吨垃圾，至少有 1/3 没有经过环境无害化处理；其中塑料垃圾有 2.42 亿吨，占固体垃圾总量的 12%，大部分没有得到有效处理，仅中国过去 30 年就消纳了全球近 50% 的废旧塑料，处理这些垃圾要耗费大量的资源。自 2018 年中国将 4 类 24 种固体废物调整列入禁止进口固体废物目录后，西方国家就陷入了"垃圾危机"。印度等发展中国家陆续发布的垃圾进口禁令，更使这场危机雪上加霜。资源问题不但影响我国的经济社会发展，而且影响我国的外交政策，国家与国家之间的

---

① 习近平：《论坚持推动构建人类命运共同体》，中央文献出版社，2018，第 261 页。

关系也与资源问题紧密联系在一起，同时这一问题的处理还关系到国家安全、国际地位、地缘政治，对国家的政治走向产生了较大影响。国际社会在关注中国的态度，希望中国能够积极应对资源危机，带领全世界的发展中国家共渡难关。自然生态环境问题已经成为一个全球性的问题，不再是一个国家或者几个国家的问题。习近平总书记就解决这一问题提出了建设生态文明的方案。建设生态文明是一个具有全局性、战略性和前瞻性的战略决策，体现了我国面对生态环境问题所持有的坚定态度和立场。新时代建设生态文明，不仅可以解决我国经济社会发展中的生态环境问题，而且能为其他国家的经济发展提供参考。这彰显了中国对全球生态文明建设最负责的态度。中国特色社会主义生态文明建设的经验可以供其他发展中国家借鉴学习，中国为全人类的生态文明建设作出贡献。

2018年9月27日，联合国环境规划署将年度"地球卫士奖"中的"激励与行动奖"颁给浙江"千村示范、万村整治"工程。这是联合国最高环保荣誉，充分说明我国在推进生态文明建设上的努力和成效得到国际社会的认可。浙江"千万工程"是"绿水青山就是金山银山"理念在基层农村的成功实践。多名海外专家认为，"千万工程"不仅是中国在生态文明建设领域的生动实践，而且对世界其他国家也有借鉴意义，这是中国的生态文明建设对世界的贡献。

生态文明建设体现了中国的大国责任与担当。中国的生态环境变好了，不仅中国人民受益，而且对世界生态环境保护作出了巨大贡献。中国以最大的决心和最积极的态度应对全球气候变化，为全球生态安全和环境治理作出贡献，积极树立全球生态文明建设重要参与者、引领者和贡献者的良好国际形象，提升中国在全球环境治理体系中的话语权和影响力，同时也为我国经济社会发展创造了良好的外部环境，进一步体现了我国坚持以人民为中心的执政理念和根本立场。

## 第三节　新策略：全面谋划发展方式与绿色低碳转型路径

生态文明建设是一项宏大而复杂的系统性、整体性工程，涉及方方面面。党的十八大以来，中共中央、国务院先后发布了《关于加快推进生态文明建设的意见》和《生态文明体制改革总体方案》，制定了40多项与生态文明建设相关的改革方案，旨在对生态文明建设进行全面、系统的部署和安排。这些改革方案明确了生态文明建设的主要目标、基本原则、根本任务和实践路径。"十三五"规划更是把绿色发展理念作为新时代中国特色社会主义生态文明建设的五大发展理念之一，放在突出的位置，为我国生态文明建设指明了方向。中国经济发展仍存在显著的东西差异、南北差异。我国在生态文明建设过程中要结合实际，统筹发展，因地制宜制定合理的发展规划，总体上来说，就是应始终遵循创新、协调、绿色、开放、共享的新发展理念，积极推进绿色发展和绿色生活。

### 一、遵循五大发展理念是生态文明建设的主基调

建设生态文明，理念应先行。首先，人们要树立与生态文明建设相协调的经济社会发展理念。党的十八届五中全会强调，实现"十三五"时期发展目标，破解发展难题，厚植发展优势，必须牢固树立并切实贯彻创新、协调、绿色、开放、共享的新发展理念。创新是一个国家进步的第一推动力，创新居于五大发展理念之首，是国家经济社会发展的核心。创新包括理论创新、制度创新、科技创新、文化创新等。而这些创新又以科技创新为首，科学技术是推动社会发展的核心力量。所以，一个国家能否在世界上站稳脚跟，取决于科学技术水平的高低。

坚持协调发展理念最重要的是要有大局观，做到整体与局部相协调，城乡区域发展相协调，新型工业化与农业现代化相协调，信息化与城镇化相协调，国家硬实力与软实力相协调，物质文明与精神文明相协调，经济建设与国防

建设相协调。坚持绿色发展理念最重要的是要树立绿色低碳循环发展的理念，大力推进污染防治行动计划，建立健全用能权、用水权、排污权、碳排放权初始分配制度，加大环境治理力度。坚持开放发展理念最关键的是要有国际视野，有合作精神，形成对外开放体系。经济发展不仅要国际化，还要便利化、法治化。中国作为负责任的大国，需要有大国的担当，积极承担起国际责任和义务，积极参与全球气候变化谈判并落实《2030 年可持续发展议程》，促进国际经济政治秩序朝着和谐友好、平等公正、互惠互利的方向发展。坚持共享发展理念就是要全体人民共享改革开放和社会主义建设成果，让老百姓有更多的获得感和自豪感。社会发展不是一部分人的事情，而是大家共同的责任和义务。无论是贫困山区还是繁华都市的人民，都有权利享受社会改革和发展带来的福利，都有享受教育的权利，都有享受基本医疗保障的权利，都有接受他人关爱的权利。

五大发展理念是一个整体，缺一不可。创新是为了更好地实现绿色发展；绿色发展是协调发展的基础，也是实现开放和共享的前提；协调、开放、共享又反过来促进创新。环境经济学家认为，社会发展应该建立在人类自身和自然环境可以承载的基础之上，量力而行，不过分追求经济增长，不过度开发和利用自然资源，保持绿色发展。他们主张从现有的自然生态环境出发，实事求是，建立起一种尊重客观实际和规律的、可承受的绿色经济。绿色经济是一种充分发挥自然资源价值和生态价值的经济发展方式。自然资源也是生产力，它同样可以创造社会价值，不仅为人们带来优质的生活环境，而且能为社会带来巨大财富，从而促进社会经济发展。这就彻底改变了原来单纯依靠消耗自然资源来促进 GDP 增长的经济发展模式，对新时代中国特色社会主义建设和生态文明建设具有重大意义。

经过改革开放以来 40 多年的发展，我国的经济社会发展方式发生了重大转变，经济在结构与形态方面面临转型升级。经济社会发展的速度过快，粗放的非绿色的发展模式已经受到资源短缺的严重束缚，经济发展开始进入瓶颈期。

目前最要紧的就是转变发展模式,走低能耗的发展之路,建立循环经济发展模式,坚持低碳发展。绿色发展是我国重要的发展战略,是为实现全面建成小康社会的重要战略和举措,也是实现国家富强、民族振兴和人民幸福的重要途径。

习近平总书记强调,要通过加快构建生态文明体系,确保到 2035 年,生态环境质量实现根本好转,美丽中国目标基本实现;到 21 世纪中叶,"五大文明"全面提升,绿色发展方式和生活方式全面形成,生态环境领域国家治理体系和治理能力现代化全面实现,建成美丽中国。这既是迈向美丽中国新征程的奋斗目标,也是新时代推进生态文明建设的行动指引。

若要实现党的十八大以来提出的生态文明建设目标,就要准确把握习近平生态文明思想的核心要义"十个坚持":坚持党对生态文明建设的全面领导,坚持生态兴则文明兴,坚持人与自然和谐共生,坚持绿水青山就是金山银山,坚持良好生态环境是最普惠的民生福祉,坚持绿色发展是发展观的深刻革命,坚持统筹山水林田湖草沙系统治理,坚持用最严格制度最严密法治保护生态环境,坚持把建设美丽中国转化为全体人民自觉行动,坚持共谋全球生态文明建设之路。这"十个坚持"充分体现了五大发展理念的内在要求和精神实质。我们要坚持五大发展理念,坚持"十个坚持",大力推进新时代生态文明建设,建立和完善绿色化、生态化的经济发展体系,彻底转变原来依赖自然资源消耗的经济发展方式,逐步减少工业发展带来的污染,走向科学技术生态化、生产力生态化、国民经济体系生态化的绿色经济强国。

## 二、绿色循环低碳发展是生态文明建设的主旋律

"生态环境问题归根到底是经济发展方式问题"[①]"绿色发展是生态文明建设

---

① 中共中央文献研究室编:《习近平关于社会主义生态文明建设论述摘编》,中央文献出版社,2017,第 25 页。

的必然要求,代表了当今科技和产业变革方向,是最有前途的发展领域"①。加快转变经济发展方式,推动产业结构优化升级,是我国在深入探索和全面把握经济社会发展规律的基础上提出的重要方针。"协调发展、绿色发展既是理念又是举措,务必政策到位、落实到位。要采取有力措施促进区域协调发展、城乡协调发展,加快欠发达地区发展,积极推进城乡发展一体化和城乡基本公共服务均等化。要科学布局生产空间、生活空间、生态空间,扎实推进生态环境保护,让良好生态环境成为人民生活质量的增长点,成为展现我国良好形象的发力点。"②对于绿色发展的定位和具体措施,习近平总书记指出:"坚持绿色发展是发展观的一场深刻革命。要从转变经济发展方式、环境污染综合治理、自然生态保护修复、资源节约集约利用、完善生态文明制度体系等方面采取超常举措,全方位、全地域、全过程开展生态环境保护。"③

21 世纪以来,全球经济增长的同时环境逐渐恶化,化石能源即将枯竭,整个世界需要从工业文明向生态文明转变。我国改革开放 40 余年,GDP 总量增长超过 10 倍,不仅增强了综合国力,还改善了老百姓的生活。但是,我国也因此付出了巨大的环境、资源代价,因此我国必须转变经济发展方式。绿色发展追求的是人与自然和谐发展的可持续发展模式,当代人的发展不能影响后代人的发展,人类的发展不能以破坏自然环境为代价。生态文明作为一种社会文明形态,是以尊重和保护生态环境为宗旨的,着重强调建立人与自然协调发展的生态机制,实现经济、社会和人类的可持续发展。中国人民大学国家发展与战略研究院于 2018 年 4 月发布的《绿色之路——中国经济绿色发展报告 2018》指出,

---

① 习近平:《为建设世界科技强国而奋斗——在全国科技创新大会、两院院士大会、中国科协第九次全国代表大会上的讲话》,人民出版社,2016,第 12 页。

② 中共中央文献研究室编:《习近平关于社会主义生态文明建设论述摘编》,中央文献出版社,2017,第 27 页。

③ 《习近平在山西考察工作时强调 扎扎实实做好改革发展稳定各项工作 为党的十九大胜利召开营造良好环境》,《人民日报》2017 年 6 月 24 日。

我国绿色发展不平衡，经济发展与可持续性之间的不协调现象突出，约 20% 的城市和省区经济发展与可持续性严重失衡，面临环境质量退化、可持续性下降的挑战。当前多数省份仍未实现经济增长与资源环境压力的脱钩，更没有达到绿水青山与金山银山的内在要求。由此可见，新时代全面推动绿色发展任重道远。生态文明建设处于压力叠加、负重前行的关键期、攻坚期、窗口期，可以说生态文明建设是党和国家基于对我国国情的科学认识作出的关于当前发展阶段的一个重大判断。建设生态文明，关键要在五大发展理念的指引下大力发展绿色经济，促进人与自然和谐发展。我国的绿色发展必须按照生态文明建设各发展阶段的具体特征，制定具体的重点任务，走好绿色发展道路。我国当前生态文明建设的重点任务是在调整经济结构和能源结构的同时，优化国土空间开发布局，培育壮大节能环保产业、清洁生产产业、清洁能源产业，推进资源全面节约和循环利用，促进产业发展转型，实现高质量、可持续发展。我国应充分运用市场化手段，健全资源环境价格机制，推动外部环境成本内部化的政策创新，实施绿色认证制度，使绿色、生态成为附加价值的组成部分；协同发挥政府主导和企业主体作用，健全多元环保投入机制，采取多种方式支持政府和社会资本合作项目，引导社会资本投向绿色发展领域；实现生产系统和生活系统循环链接，倡导简约、绿色、低碳的生活方式和消费方式，推动绿色发展方式和生活方式的全面形成。

"绿色发展注重的是解决人与自然和谐问题。"[①]绿色发展的实现路径是产业生态化和生态产业化，主要目标是构建绿色经济体系。我国应在绿色经济发展过程中，积极探寻一些有利于环境保护的科技手段，使经济的发展与环境的保护之间达到和谐的状态，实现经济的可持续发展。绿色发展是对传统发展模式的创新，是建立在生态环境容量和资源承载力基础上的发展，即在保护生态环

---

① 中共中央文献研究室编：《习近平关于社会主义生态文明建设论述摘编》，中央文献出版社，2017，第 28 页。

境的同时进行经济建设，具体包括以下三点：一是自然生态环境是生产力的一个组成部分，二是要实现经济、社会和环境的可持续发展，三是绿色化和生态化是主要特点。

"推进绿色发展。加快建立绿色生产和消费的法律制度和政策导向，建立健全绿色低碳循环发展的经济体系。"[①]在迈向美丽中国的新征程中，全面推动绿色发展是生态文明建设的治本之策。习近平总书记指出，绿色发展是构建高质量现代化经济体系的必然要求，是解决污染问题的根本之策。所谓绿色发展，一是要实现经济增长与资源环境压力的脱钩，即经济增长不会引起资源环境压力的增加，解决好突出的生态环境问题；二是要使生产力具有可持续性，将生态优势转化为经济优势，让绿水青山成为金山银山；三是绿色发展还包含了循环发展和低碳发展。绿色经济是以生态、经济协调发展为核心的可持续发展经济，是以维护人类生存环境，合理保护资源、能源，以及有益于人体健康为特征的经济发展方式，是一种平衡式经济。

绿色生产观强调遵循生态规律组织生产。绿色生产是一种能尊重市场规律、协调自然环境、适应人类多方面需求的新型生产方式。首先，绿色生产是节约资源和能源的生产。其次，绿色生产是环境友好的生产。绿色生产是对传统生产方式的根本变革，是实现节能、降耗、减污、增效的重要途径，是实现社会经济又好又快发展的重要平台，也是绿色生活和绿色消费的前提和基础。

### 三、绿色生活是生态文明建设的主音符

首先，要树立绿色生态的意识，"大力增强全社会节约意识、环保意识、生态意识"[②]，培养人民群众节约资源、保护环境的意识，以及在生产生活中生态优

---

① 《中国共产党第十九次全国代表大会文件汇编》，人民出版社，2017，第41页。
② 中共中央文献研究室编：《习近平关于社会主义生态文明建设论述摘编》，中央文献出版社，2017，第19页。

先、环保先行的意识。其次，要革除一些旧的生活意识和观念，树立正确的发展观念。人民群众是生态资源的消耗主体和废弃物的排放主体，影响着生态文明建设。生态文明建设要求每一个公民承担起自己的责任，扮演好自身的角色。而这一要求最重要的就是公民要转变生活中的消费观念，克服消费主义。从根本上来看，消费主义是反生态的，它让人类陷入永远不满足的状态。人们为了满足自身不断增加的消费需求，向自然界疯狂地索取生产生活资料，导致人与自然关系的异化。"倡导绿色生活、共建生态文明"，必须从我做起、从身边事做起、从现在做起。我们要从生态环境的实际出发，立足自身，从点滴做起，厉行节约，珍惜资源，植绿护绿，减少污染，保护生态环境。

我国是世界上最大的能源消费国，煤炭在能源结构中的主体地位在相当长的时间内不会改变；而煤炭的大量分散和粗放使用，是造成大气污染的主要原因之一。因此，煤炭的清洁利用对我国构建清洁低碳、安全高效的能源体系具有重要意义。煤炭是保障我国电力供应的主力能源。目前，我国燃煤电厂的二氧化碳排放水平与燃气电厂相近，二氧化碳的排放量大大减少。我国的能源消费结构呈现出清洁化、低碳化的特征。

绿色消费理应成为当今时代潮流。消费是人存活的重要前提，满足需要是消费的重要目的，但消费不是人生的根本目的。消费是为了生活，但生活并不是为了消费。幸福感不能也不应该按消费的层次和能力来进行划分。每个公民的基本生活需要都应该得到满足。社会有责任引导大家建立高级的发展需要和绿色的消费行为；个人有责任和义务践行消费正义，树立生态消费观。消费行为既要合乎人的身心健康，又要符合良好的社会风尚，不仅要满足个体需求，还要顾及社会发展。消费既要考虑到人自身的经济能力，又要考虑到社会影响。总之，合理的消费不仅有助于人的自由全面发展，而且有利于社会发展。

## 四、积极稳妥推进碳达峰碳中和

实现碳达峰碳中和是党和国家统筹国内国际两个大局作出的重大战略决

策，是解决资源环境问题、实现绿色低碳发展、积极参与全球生态治理的必然选择，也是构建人类命运共同体的庄严承诺。2020 年 9 月 22 日，中国政府在第七十五届联合国大会上宣布："中国将提高国家自主贡献力度，采取更加有力的政策和措施，二氧化碳排放力争于 2030 年前达到峰值，努力争取 2060 年前实现碳中和。"[①]2021 年《政府工作报告》指出，扎实做好碳达峰碳中和各项工作，制定 2030 年前碳排放达峰行动方案，优化产业结构和能源结构。党的二十大报告指出，实现碳达峰碳中和是一场广泛而深刻的经济社会系统性变革，要积极稳妥推进碳达峰碳中和，"完善碳排放统计核算制度，健全碳排放权市场交易制度。提升生态系统碳汇能力"[②]。碳达峰碳中和不仅是中国政府的承诺，更是新时代生态文明建设的指针，是我们国家实现绿色低碳发展的重要抓手。中国作为负责任的大国，将积极参与应对全球气候变化治理，大力推进节能减排降碳。2012—2021 年，全国单位 GDP 二氧化碳排放量下降了 34.4%，全国煤炭消费量占能源消费总量的比重由 68.5% 降至 56.0%，清洁能源消费量占比提升到 25.5%，非化石能源消费占比达到 16.6%。2020 年 12 月至今，我国建立了越来越多的碳中和研究中心，这些研究中心将在技术方面进一步指导我国的节能减排降碳行动。

实现碳达峰碳中和是一场广泛、深刻的经济社会变革。首先，要积极推进碳达峰碳中和，把碳达峰碳中和纳入生态文明建设整体布局，明确碳达峰碳中和的时间表、路线图和施工图，推动绿色低碳技术研发应用，创建低碳省区、城市、城镇、产业园区、社区试点，支持有条件的地方、行业、企业率先实现碳中和。其次，积极履行碳达峰碳中和承诺，站在对人类生态文明建设负责的高度，推动构建全球生命共同体，建设一个持久、清洁、美丽的世界，扎实推

---

① 中华人民共和国国务院新闻办公室：《新时代的中国能源发展》，人民出版社，2020，前言第 2 页。

② 习近平：《高举中国特色社会主义伟大旗帜　为全面建设社会主义现代化国家而团结奋斗——在中国共产党第二十次全国代表大会上的报告》，人民出版社，2022，第 52 页。

进"一带一路"国家建立起绿色发展国际联盟，带动世界各国走绿色、低碳、循环发展之路。最后，通过稳步践行碳达峰碳中和承诺，用实际行动彰显负责任大国的形象与担当，为构建人与自然和谐共生的生命共同体、建设清洁美丽的世界贡献中国智慧、中国力量。

## 第四节　新举措：建立最严格的制度、最严密的法律、最科学的政策体系

习近平总书记指出，"加快生态文明体制改革，建设美丽中国"①，"只有实行最严格的制度、最严密的法治，才能为生态文明建设提供可靠保障"②。建设生态文明，制度和法律的保障都是必不可少的。建设生态文明是一个包括源头防范、过程治理、后果奖惩的系统工程，其中生产生活方式、环境资源损耗补偿、生态保护与修复、自然资源资产产权等都需要通过建立健全生态文明制度和法治体系，以形成更加严格、公平、可持续的社会规范和制度。

2015 年 9 月，中共中央、国务院印发了《生态文明体制改革总体方案》。该方案全面系统阐述了未来生态文明体制改革要树立和贯彻落实的应有理念，全面部署生态文明体制改革工作，具体细化了顶层设计的制度框架，进一步明确了改革的任务书、路线图，为加快推进生态文明体制改革提供了重要遵循和实践指南。

2018 年 3 月 11 日，十三届全国人大一次会议第三次全体会议表决通过的《中华人民共和国宪法修正案》，把"贯彻新发展理念""推动物质文明、政治文明、精神文明、社会文明、生态文明协调发展""把我国建设成为富强民主文明和谐美丽的社会主义现代化强国"等涉及生态文明和美丽中国建设的重要内容

---

① 《中国共产党第十九次全国代表大会文件汇编》，人民出版社，2017，第 40 页。
② 《习近平谈治国理政》（第一卷），人民出版社，2018，第 210 页。

写入宪法。这一重要举措表明了我党在生态文明建设方面的决心和信心，是我国生态文明建设法治化、制度化、规范化进程中具有里程碑意义的大事件。自此，我国生态文明的法治化建设又迈上了新的台阶。2018年5月18—19日召开的全国生态环境保护大会，是我国生态文明建设和生态环境保护发展历程中规格最高、规模最大、影响最广、意义最深远的历史性大型盛会。大会确立习近平生态文明思想是新时代生态文明建设的根本遵循和行动指南。这些标志性的事件表明，我国生态环境保护法治化建设正在踏踏实实地一步步向前推进，我国的生态保护法律体系已经初步建立。

## 一、坚持党的全面领导，深化机构改革

坚持党的领导是中国特色社会主义最本质的特征，也是社会主义法治最根本的保证。坚持党的领导是社会主义法治的根本要求，也是社会主义生态文明建设的根本要求。党要坚持依法治国、依法执政。2018年5月，习近平总书记在全国生态环境保护大会上的讲话中指出，要加强党对生态文明建设的领导。无论是推进生态文明建设法治化还是打好污染防治攻坚战，都必须加强党的领导。坚持党的领导是对在生态文明建设中全面贯彻落实党中央决策部署、有序推动污染防治攻坚战、实现全体人民的全面小康的坚强保障。

建设生态文明是回应人民群众对公平正义社会期盼的重要举措。中国共产党从成立的那天起，就把公平正义作为政党建设和奋斗的目标。我党是以马克思主义为指导思想，以解放和发展全人类为奋斗目标，以实现社会和谐共生为使命的政党，与世界上任何一个资产阶级政党有着本质区别。党的性质决定了党与社会公平正义的内在联系，也决定了社会公平正义的性质和发展方向，因此实现社会公平正义是中国共产党的历史使命。党领导中国革命和社会主义建设的历史过程，正是实现社会公平正义的过程。生态文明建设好，首先要坚持中国共产党的领导。

党的十九届三中全会审议通过了《中共中央关于深化党和国家机构改革的

决定》和《深化党和国家机构改革方案》，对生态文明建设管理体制进行了系统性、整体性和重构性的改革。党的十三届全国人大一次会议表决通过了关于国务院机构改革方案的决定，组建自然资源部、生态环境部以及国家林业和草原局等部门，整合组建生态环境保护综合执法队伍，按照减少层次、整合队伍、提高效率的原则优化职能配置，统一实行生态环境保护执法。机构改革的目的是保障生态文明建设顺利进行。一是在污染防治上整合职能，为打好污染防治攻坚战提供支撑。二是在生态保护修复上强化监管，坚决守住生态保护红线，强化生态环境部门的统一政策规划标准制定、统一监测评估、统一监督执法、统一督察问责；整合相关部门和地方政府大气环境管理职责，增强流域环境监管和行政执法合力；完善海域生态环境管理体制，按海域设置监管机构。

生态文明的良好有序发展依赖于健全的组织管理机制，应按照生态发展的需求制定合理的经济社会发展规划，实现自然生态系统与经济社会发展之间的良性互动。在中央统筹部署下，地方政府应积极协同推进清洁能源资源开发利用和生态环境保护，以实现经济稳步向前发展。

## 二、大力推进生态文明法治化建设

生态文明建设要有序进行，首先需要法律的保障，法治建设是重中之重。党的十八大对全面推进依法治国、加快建设社会主义法治国家作出重大战略部署。依法治国是保障公民合法权益的前提，法治是治国理政的基本方式。生态文明法治建设是我国法治建设的一项重要内容，同时也是生态文明建设的一个重要组成部分。2018 年 8 月 31 日，第十三届全国人大常委会第五次会议审议通过《中华人民共和国土壤污染防治法》，标志着土壤污染防治制度体系基本建立。《中华人民共和国土壤污染防治法》明确了企业防治土壤受到污染的主体责任，强化了污染者的治理责任，明确了政府和相关部门的监督责任，建立了农用地分类管理和建设用地准入管理制度，加大了环境违法行为处罚力度，为扎实推进"净土保卫战"提供了坚强有力的法律保障。首先，在完善环境资源生态法律体系的过程中，要做到重点突出，主要完善污染防治法律法规，积极构建良好的生态文明法律体系框架。其次，在立法的内容方面，重点突出公众环境权，规范政府环境行为，强化政府环境责任，建立党政领导干部环保政绩考核评价制度，建立环境保护行政问责制度，建立健全生态补偿制度、生态修复制度、生态损害赔偿制度、环境公益诉讼制度。我国生态文明法律体系的建设，应该首先从法律方面保障生态文明建设的突出地位，凸显其国家战略位置，其次应在社会主义建设中将生态文明建设融入经济建设、政治建设、文化建设、社会建设各方面和全过程，用法律保障良好生产生活环境，如此我国才能建设具有美丽中国、资源强国、环保大国等丰富内涵的社会主义生态文明国家。

新制度经济学家道格拉斯·C.诺斯认为，制度是为约束人们的相互关系而人为设定的规则，是要求大家共同遵守的行为准则或办事规程，由正式制度、非正式制度以及实施机构构成。生态文明制度建设应该包含事前预防类制度、行为管制类制度、影响诱导类制度和事后补救类制度。生态文明制度的层次和水平反映了人类社会治理能力和艺术技巧的成熟程度，它关系到整个社会现有的物质文明和精神文明整体水平，是现阶段社会发展的重要内容。制度建设必须把握全局，体现系统性和前瞻性，做到普遍性和特殊性相结合、顶层设计和地方特点相结合。

党的十八大报告在"大力推进生态文明建设"中专门阐述了"生态文明制度"的概念，并提出用制度推进生态文明建设。党的十八届三中全会进一步把加快生态文明制度建设作为当前亟待解决的重大问题和全面深化改革的主要任务之一，强调必须建立系统完整的生态文明制度体系，用制度保护生态环境。随后，党的十八届四中全会再一次指出用严格的法律制度保护生态环境，加快建立有效约束开发行为和促进绿色发展、循环发展、低碳发展的生态文明法律制度。国家对生态文明制度建设的重视程度显而易见。制度建设在生态文明建设中具有重要作用，是生态文明建设取得预期效果的前提和保障。

建设生态文明，必须建立系统完整的生态文明制度体系，用制度保护生态环境。只有制度完善，生态文明建设才能有序进行。建设生态文明，还要健全自然资源资产产权制度和用途管制制度，划定生态保护红线，实行资源有偿使用制度和生态补偿制度，改革生态环境保护管理体制。党的十九大报告指出，要加快建立绿色生产和消费的法律制度和政策导向，建立市场化、多元化的生态补偿机制。绿色生产和绿色消费是生态文明建设的根基。生态补偿制度既是生态文明制度建设的核心内容，又是确保生态文明建设持续健康稳定发展的基本制度。

党的十九大报告指出要"着力解决突出环境问题"。基本的环境质量是普惠的民生福祉和公共产品，是政府应当提供的基本公共服务。只有构建全面开放、政策完善、监管有效、规范公平的长效环境治理体系，才能解决我国日益严峻的环境产品供给问题。生态环境具有系统性，环境治理体制机制建设是一个系统工程。这就要求政府在自然资源使用、生态环境空间、污染物总量、环境行为等方面建立健全治理体系，并切实履行监管职责。全民遵法守法是建设法治国家的终极目标，还是生态文明法治建设不可或缺的重要方面。习近平总书记强调，必须通过共同努力，形成人们不愿违法、不能违法、不敢违法的法治环境。生态文明建设更需要法治来保驾护航。

2018年6月，中共中央、国务院印发《关于全面加强生态环境保护　坚决打好污染防治攻坚战的意见》，明确了打好污染防治攻坚战的时间表、路线图、任务书，确保生态环境质量总体改善，主要污染物排放总量大幅减少，环境风险得到有效管控,生态环境保护水平同全面建成小康社会目标相适应。同年7月，十三届全国人大常委会第四次会议听取和审议大气污染防治法执法检查报告并表决通过了《全国人民代表大会常务委员会关于全面加强生态环境保护　依法推动打好污染防治攻坚战的决议》。同月，国务院印发《打赢蓝天保卫战三年行动计划》,明确了大气污染防治工作的总体思路、基本目标、主要任务和保障措施，要求坚决打赢蓝天保卫战，实现环境效益、经济效益和社会效益多赢的局面。9月，中共中央、国务院印发了《乡村振兴战略规划（2018—2022年）》，明确要求统筹推进农村经济建设、政治建设、文化建设、社会建设、生态文明建设和党的建设。乡村振兴、乡村建设是我国生态文明建设的一个重要内容。乡村干净整洁了，整体面貌焕然一新了，这才是我国生态文明建设该有的状态。

党的十八届三中全会报告中指出，"建立系统完整的生态文明制度体系，实行最严格的源头保护制度、损害赔偿制度、责任追究制度，完善环境治理和生态修复制度"①。党的十九大报告指出，要"设立国有自然资源资产管理和自然生态监管机构，完善生态环境管理制度，统一行使全民所有自然资源资产所有者职责，统一行使所有国土空间用途管制和生态保护修复职责，统一行使监管城乡各类污染排放和行政执法职责"②。我国不单要建立严密的法律制度体系，还要在生态文明建设过程中始终如一地遵守这些法律制度。这些制度对维护人民群众的生态权益起到至关重要的作用。

建立系统完整的生态文明制度体系，对于建设生态文明先行的现代化强国，以及步入生态文明建设新阶段具有重大而深远的意义。生态文明制度建设不仅有利于保障生态文明建设、克服生态文明建设瓶颈、实现美丽中国愿景，而且有利于转变经济发展方式、规范企业生产行为、推动全国人民生态意识和行为习惯的养成。加快生态文明体制改革，建设美丽中国，标志着我国在生态环保方面的改革进入更深的层次和阶段。人类在开发利用自然资源时少走弯路的有效方式就是尊重自然、遵循自然发展规律，只有这样才能有效避免在开发利用自然资源的道路上步入歧途。

### 三、建立完善生态文明建设评价体系

国外的社会建设评价主要是环境影响评价，这一评价方式最早诞生于美国。

---

① 《中国共产党第十八届中央委员会第三次全体会议文件汇编》，人民出版社，2013，第27–73页。
② 《中国共产党第十九次全国代表大会文件汇编》，人民出版社，2017，第42页。

1969 年，美国颁布的《国家环境政策法》把环境影响评价制度作为联邦政府在环境与资源管理中必须遵循的一项制度。10 年之后，美国绝大多数州政府建立了各种形式的环境影响评价制度。1979 年 9 月中国颁布了《环境保护法（试行）》。之后经过了 20 多年的发展，直到 2002 年，全国人大常委会通过了《中华人民共和国环境影响评价法》。这是中国首次以专门立法的形式确立环境影响评价制度，标志着我国环境影响评价迈上了一个新台阶。目前来看，环境影响评价制度基本贯穿规划和建设全过程。因此，我国应把规划和建设项目纳入国民经济发展轨道，在发展经济的同时保护好环境，促进经济建设与环境保护的协调发展，推动公众参与环境影响评价活动有序开展。

首先，将资源消耗、环境损害、生态效益纳入地方经济社会发展评价体系，建立体现生态文明要求的考核体系、奖惩机制。评价体系要发挥应有的作用，各级领导干部应树立正确的生态观和发展观，公民应树立生态文明发展理念。领导干部尤其要加强学习，及时掌握经济社会活动、生产劳动对生态系统的影响和变化，增强对环境评估及绿色发展情况的判断能力，提高应对实际生态问题的能力，建设高水平高质量的生态文明。只有领导干部起到带头作用，人民群众才会积极响应。其次，不断完善与法律法规相配套的生态文明制度体系，着力解决现有法律法规中一些自相矛盾和条块分割严重的实际操作问题，在生态文明建设过程中，不断加大执法力度，实现联合执法，做到有法可依、有法必依、执法必严、违法必究。近年来，国家持续加大生态环境执法监管力度，不仅在网站和公众号上及时公布环保督察排查和整治工作情况，还进行追踪调查，对纠正不到位的地方、企业进行严格执法，目前基本实现了河长制和林长制全覆盖。

2010 年，我国第一部生态文明绿皮书《中国省域生态文明建设评价报告（ECI2010）》正式出版，发布了各省份 2005—2008 年的生态文明指数以及各种分析结果。自此，生态文明建设评价不断向前推进。2018 年 12 月，华中科技大学国家治理研究院发布了《中国绿色 GDP 绩效评估报告（2018 年全国卷）》，用37个分析图和38个数据表客观地呈现了全国内陆31个省（区、市）2014—2016年的 GDP、人均 GDP、绿色 GDP、人均绿色 GDP、绿色发展绩效指数的年度变化情况，并对这些内容进行了综合分析和评价。该报告认为，中国的绿色发展已经取得显著成就。第一，中国的绿色 GDP 增长速度已经开始超越同期GDP 增长速度。2016年，绿色 GDP 经济总量平均增幅达到7.58%，超越同期GDP 总量的0.08%，这一现象是可喜可贺的。第二，中国的人均绿色 GDP 增长速度稳步增长。2016年，全国内陆31个省（区、市）人均绿色 GDP 平均增幅已经达到6.79%。人均绿色 GDP 稳步增长意味着人民的居住环境越来越好。第三，中国经济发展的绿色发展绩效指数稳步提升，各省（区、市）均在努力实现绿色发展。各省（区、市）生态文明建设、绿色发展已经初见成效。2016年，全国内陆31个省（区、市）的绿色发展绩效指数平均值已经达到88.69（参考值为100）。

与此同时，报告指出中国的绿色发展还存在一些"短板"，这是不容忽视的。第一，绿色发展的人均短板突出，增速较慢。GDP、绿色 GDP 增幅均高于同期人均 GDP、人均绿色 GDP 增幅。第二，绿色发展的不平衡问题明显，东部和西部、南方和北方差异明显，胡焕庸线所反映出来的东西南北差异仍然没有得到改善。根据该课题组的测算，2014—2016年，全国内陆31个省（区、市）绿色发展绩效指数排名在后10名的省（区、市）主要分布在西北部、东北部，而前10名的省（区、市）主要分布在东部沿海地区。第三，绿色发展指标出现不同程度的变化。2016年，全国内陆31个省（区、市）中绿色 GDP、人均绿色GDP 增幅，超越其 GDP、人均 GDP 增幅的省份数量有所减少。2016年，全国内陆31个省（区、市）中，有21个省（区、市）的绿色 GDP 增幅高于其 GDP增幅，较上年减少了5个省份。

该课题组连续3年的测算表明，当前我国绿色发展正在呈现以下新形势、新挑战：第一，绿色化的中国新经济版图正在逐步形成。中国的绿色发展进程正在改变全国31个省（区、市）在全国经济总量中的地位，各级政府有必要密切关注不同省（区、市）在全国经济社会版图中的结构性变化，大胆推进各省（区、市）的功能、地位转变。第二，中国各省（区、市）的经济发展机制进入新的调适期。全国内陆 31 个省（区、市）具有截然不同的历史、客观条件，各级政府有必要密切关注不同省（区、市）经济增长动力、机制的调适进程，以避免被迫"走回头路"。第三，中国绿色发展进程中的"东中西梯度分布现象"仍将持续一段时间。各级政府有必要持续增强西部地区绿色发展的意识，避免出现认识偏差、理解误差、行动落差的情况。第四，深入推进领导决策改革，积极引入大数据等先进技术手段，从以经验决策为主转变为以精准决策为主。第五，积极创新绿色治理机制，借助新一轮的政府机构改革，厘清自然资源统计等治理机制。总之，生态文明建设是一个长期的过程，需要全党全国各族人民共同推进。只有全社会形成合力，生态文明建设的成效才能达到理想的状态。我国的全面小康才是真正的小康。

# 第六章 中国新时代生态文明理论的重大贡献与世界影响

2019 年两会期间，习近平总书记强调了生态文明建设的"四个一"，从全局性的高度明确了生态文明建设在"五位一体"总体布局中的基础性地位，指出新时代建设中国特色社会主义现代化应该坚持人与自然和谐共生、绿色发展理念、污染防治攻坚战等基本方略。"四个一"把生态文明建设提到了一个新的战略高度。这充分表明我党高度重视生态文明建设，并不断创新生态文明发展理念和具体方式。

党的十八大以来，习近平总书记把握时代和实践新要求，着眼于人民群众的新期盼，在生态文明方面提出了不少新论断、新要求、新方略，把我国的生态环境治理水平提到一个新高度，切实改善了人民群众的生活，丰富了我党关于新时代中国特色社会主义理论和建设方面的思想，把生态文明放到了一个更高、更重要的位置。新时代，中国特色社会主义建设顺利推进的一个重要战略举措就是加强生态文明建设。中国新时代生态文明理论的核心成果习近平生态文明思想，作为新时代生态文明建设的行动指南，具有重要的理论意义和实践价值。同时，它也是习近平新时代中国特色社会主义思想的重要组成部分，既指导中国的建设，也引领世界的发展，是先进的马克思主义政党思想。

# 第一节 中国新时代生态文明理论的原创性贡献

生态文明建设既是时代发展之需，也是党的社会建设理论发展的必然要求，其目的是实现中华民族永续发展。生态文明建设是以习近平同志为核心的党中央在准确把握我国发展阶段特征基础上，为实现人民幸福和国家富强、民主、文明、和谐、美丽所作出的重大战略决策。生态文明建设是一场涉及生产方式、生活方式、思维方式和价值观念的系统性、整体性变革，是习近平生态文明思想的重要组成部分。生态文明是继工业文明之后的一种全新的文明形态。党的十八大以来，我党始终把生态文明建设作为治国理政的重要内容，旨在推进"五位一体"总体布局和"四个全面"战略布局，从而更好地建设中国特色社会主义。

党的十八大以来，我国生态文明建设成效显著，实现了"天蓝、地绿、水净"。生态环境的显著改善是我国生态文明建设初见成效的主要体现。习近平生态文明思想不但为实现社会主义现代化强国描绘了一幅宏伟蓝图，而且围绕这一目标提出了一系列新论断、新思想、新举措，有力指导着我社会主义生态文明建设。

## 一、中国新时代生态文明理论具有重要的战略地位

中国新时代生态文明理论的核心成果习近平生态文明思想是马克思主义中国化的最新理论成果，是生态马克思主义的最新成果，是中国特色社会主义理论体系的重要内容，也是新时代中国特色社会主义思想的重要组成部分，它本身就是科学完整的理论体系。习近平生态文明思想坚持理论与实践紧密结合，既把成功的实践上升为理论，又以正确的理论来指导新的社会实践，进一步加强了中国特色社会主义生态文明建设的理论建设、制度建设和道路建设，在此基础上，进一步凝练了社会主义生态文明建设的中国道路，即以供给侧结构性改革为着力点，把生态文明建设融入其他四大建设；坚持新的发展理念，坚定

不移地走创新驱动道路，推动绿色发展、循环发展、低碳发展。习近平生态文明思想是对党的历代中央领导集体关于生态环境保护与建设道路探索理念的继承与发展。我国社会主义建设的过程就是处理好发展与保护关系的过程。

20世纪70年代，我国把污染问题作为技术问题，重点围绕工业"三废"开展点源治理。从"六五"时期开始，国家将生态环境保护纳入国民经济和社会发展计划。随着我国经济社会快速发展，污染物排放总量不断增加，我国制定了环境与发展十大对策，第一次明确提出转变传统发展模式，走可持续发展道路。进入21世纪，党中央提出以人为本，树立全面、协调、可持续的科学发展观，强调走新型工业化道路，降低资源消耗，减少环境污染。

生态环境保护是一项长期、艰巨、复杂的系统工程，需要全国人民世世代代不懈努力。自从实行了改革开放政策，我国的经济社会发展速度突飞猛进。邓小平在对待生态问题方面继承了毛泽东"绿化祖国"的观点，提出了"植树造林，绿化祖国，造福后代"的响亮口号。江泽民和胡锦涛则分别提出了可持续发展战略和科学发展观。胡锦涛号召建设资源节约型、环境友好型的"两型社会"。几代领导人的重要论述体现了我党在生态环境保护和生态文明建设方面的决心和信心，是中国特色社会主义理论关于发展与保护关系的探索与实践。

党的十八大以来，我国生态文明建设和生态环境建设取得显著成效，我党对生态文明建设的认识达到前所未有的高度，建设力度空前。习近平生态文明思想以绿色发展为导向，倡导有利于保护生态环境的发展模式，追求长久良性循环发展，拒绝以牺牲环境为代价的短视行为，绝不允许破坏生态环境的行为发生，其主要目标是建设天蓝、地绿、水净的美丽中国。生态环境保护是功在当代、利在千秋的事业，是我国的重要战略目标。

中国新时代生态文明理论的核心成果习近平生态文明思想是经过实践检验的正确理论原则和经验总结。面对资源约束趋紧、环境污染严重、生态系统退化的严峻形势，习近平总书记吸收了历代领导人在社会主义建设中处理发展与保护之间关系的宝贵经验，同时结合个人地方工作经历的认识与思考，在继承中创新，在创新中发展，将党和国家对生态文明建设的认识提升到了崭新的高度；始终保持高度的战略定力，强调高质量发展，要求长江经济带"共抓大保护、不搞大开发"，对全国各地严重破坏生态环境的反面典型严厉查处，突破了固有的发展思维与模式，强化了生态文明体制改革的顶层设计，积极寻求根本性、长远性、整体性、系统性的解决方案，为新时代生态文明建设指明了方向、规划了路径、明确了重点。

中国新时代生态文明理论的核心成果习近平生态文明思想与时代的发展紧密结合，开创了马克思主义中国化的新境界，体现了高度的历史自觉和理论自觉，展现了习近平新时代中国特色社会主义思想的"四个自信"，是中国特色社会主义的丰硕理论成果。以习近平同志为核心的党中央对生态环境保护的经验教训进行了深刻总结，对人类发展的目的进行了深刻思考，得出了"以人民为中心"的深刻结论，认为发展的目的最终是实现人民群众的美好愿望。习近平生态文明思想创造性地回答了人与自然关系、经济发展与生态环境保护关系的问题，是马克思主义生态思想的最新理论成果，实现了理论的突破与创新。

中国新时代生态文明理论的核心成果习近平生态文明思想系统、全面、科学地回答了生态文明建设的根本性问题。以习近平同志为核心的党中央，团结带领全国各族人民，着眼于不断提高生态文明建设水平，立足于人民群众生态环保新需要，大力推动生态文明建设取得新的重大成就。习近平生态文明思想坚持以马克思主义、毛泽东思想、邓小平理论、"三个代表"重要思想、科学发展观为指导，把马克思主义中人与自然关系的基本学说、自然辩证法基本原理同当代中国生态文明建设实际和社会主义生态文明新时代特征相结合，并在此基础上创造性地提出了重要理论成果。

中国新时代生态文明理论的核心成果习近平生态文明思想是新时代中国特色社会主义生态文明发展的最新成果总结，是社会主义生态文明的新理论、新思想。新时代中国特色社会主义生态文明是人类文明发展的新形态。基于社会生产方式的阶段性特征，人类文明经历了原始文明、农业文明、工业文明三个阶段，正迈向生态文明新阶段，这是一个崭新的阶段。人类文明的历史演进表明，每一次生产方式的大发展、大变革，都伴随着文明与生态的自然转换和更替。当今社会，环境污染、生态破坏、资源短缺是威胁人类生存的全球性问题。环境问题如果得不到及时解决，将后患无穷。中华文明源远流长，为人类文明的进步作出了不可磨灭的贡献。遵循生态与文明的发展规律，大力推进生态文明建设，为人类文明的发展作出更大贡献，是我们的责任、使命与担当。

## 二、中国新时代生态文明理论深化了马克思关于人与自然关系思想的深刻内涵

中国新时代生态文明理论的核心成果习近平生态文明思想是马克思主义关于人与自然观、生态观在当代中国的最新发展，开辟了马克思主义生态观新的理论境界，把对生态文明的认识提高到新的高度，拓展了人类对生态文明认识的新视野。同时，它也是一种马克思主义生态文明观新的话语体系，实现了马克思主义关于人、自然与社会三者之间关系的真正统一。马克思对人与自然的本质关系进行了历史唯物主义和辩证唯物主义的深刻思考，深入揭示了资本主义生产方式中的种种弊端和异化现象，认为资本家过度追求利润，把自然当作支配对象，不择手段。这种人类生产劳动的异化状态，导致了人与自然多重矛盾的产生。从历史唯物主义的角度看，与自然界达成和解是实现人的自由全面发展的必然途径，是人类社会继续向前发展的必由之路。从辩证唯物主义的角度看，人与自然之间相互作用、相互影响，人通过自身的劳动实现了自然与人的矛盾统一，自然界在为人类提供基本的生存和发展条件的同时也会对人类不合理的行为进行报复。

生态文明建设与社会主义本质要求具有高度一致性，它的提出是对人类社会发展的科学、准确把握。社会主义生态文明建设与社会主义经济、政治建设具有内在统一性。马克思认为："这种共产主义，作为完成了的自然主义，等于人道主义，而作为完成了的人道主义，等于自然主义，它是人和自然界之间、

人和人之间的矛盾的真正解决。"① 社会主义生态文明代表了人类文明发展的新形态。社会主义突破了具体利益、眼前利益和局部利益。我国从人类文明发展的长远角度出发，把建设富强民主文明和谐美丽的社会主义现代化强国作为 21世纪中叶的奋斗目标。

马克思主义强调人与自然的关系是人类社会最基本的关系，习近平总书记在此基础上提出人与自然是生命共同体。人是自然的一分子，人类应该实现与自然的和谐共生，在生态文明建设实践中致力于发展与保护的有机统一，努力实现社会公平正义。实现人的全面发展，处理好人与自然的关系，是中国特色社会主义制度的优势。

中国新时代生态文明理论的核心成果习近平生态文明思想在马克思生产力与生产关系理论的基础上，突出了自然环境在生产力中的基础性、全局性地位，提出了"绿水青山就是金山银山""冰天雪地也是金山银山"的发展理念，是对马克思主义生产力理论的创新、丰富和发展，改变了人们的传统观念。无论是保护生态环境还是改善生态环境，本质上都是对生产力的发展，进一步拓展了人们对自然生态在生产力中的地位和作用的认识，极大地丰富和拓展了马克思主义生产力的内涵和外延。

习近平总书记对人与自然关系的辩证观点，是马克思主义在新时代的发展，实现了辩证唯物主义的自然观与历史观的高度统一，是对马克思主义的自然观和发展观的创新，是指导人们在利用自然、改造自然过程中如何保护好自然的科学指南。究其本源，实践贯穿于习近平生态文明思想的演进过程，这是超越马克思主义自然观和发展观的根本所在。习近平生态文明思想坚持以人民为中心，社会的发展既依靠人民也是为了人民。社会发展的实质是为了实现人的全面发展，推动形成人与自然和谐发展的现代化建设新格局。习近平生态文明思想实现了马克思主义自然观的又一次历史性飞跃，是马克思主义中国化的重要成果。

---

① 《马克思恩格斯文集》（第一卷），人民出版社，2009，第 185 页。

### 三、中国新时代生态文明理论凸显了中华文明中生态智慧的时代价值

中华文明源远流长，具有了丰富的生态智慧。在生产生活实践中，古人已经认识到人类与天地万物是统一的，是一个整体，认识到万物都有其内在规律，强调把天、地、人统一起来，把自然生态同人类文明联系起来。古人从正反两个方面告诫后人，只有遵循大自然的发展规律，人类才能获得更多的物质生活资料，过上更美好的生活。"取之有时，取之有度，用之有节"，表达了古人在处理人与自然关系时张弛有度的理性思想，即尊重自然、顺应自然、不违逆自然发展的规律。

中华传统文化中的深邃哲学思想为习近平生态文明思想提供了重要的文化基础。中国新时代生态文明理论的核心成果习近平生态文明思想的理论渊源之一就是中华优秀传统文化。习近平生态文明思想把中华传统文化中的精髓与新时代发展的特征相结合，通后优化、创新、凝练、升华后提出了"生态兴则文明兴，生态衰则文明衰"等重要论断，肯定了自然生态环境的变化对文明兴衰的直接影响和决定性作用，是对中华文明中蕴含的朴素生态智慧的深刻理解和弘扬。习近平生态文明思想进一步揭示了生态文明的政治价值、社会价值和历史价值。

中国新时代生态文明理论的核心成果习近平生态文明思想揭示了生态文明的政治价值，体现了生态文明与生产关系之间的辩证关系。生态文明建设以保护资源和环境为基础，协调人与人之间的社会关系，改善生产关系。这实质上就是一场涉及生产方式、生活方式、消费方式和价值理念的彻底性变革，是继工业文明之后更为先进的文明形态。新时代生态文明建设的不断发展更加有利于加强中国共产党的领导。建设生态文明是我党在经济社会发展领域的重要举措，为我国的经济社会发展创造了良好的基础和条件。习近平生态文明思想集众家所长，深刻揭示了生态文明的社会价值、政治价值和历史价值，凸显了中

华传统文化中生态智慧的时代价值。

中国新时代生态文明理论的核心成果习近平生态文明思想揭示了生态文明建设的社会价值，阐述了生态文明与公平正义的辩证关系。生态文明建设既体现了社会主义公平正义的价值追求，也满足了人民群众对优美生态环境的诉求。生态文明建设还体现了代内、代际、种际公平正义。生态文明建设具有明确的价值导向，即人类在满足自身需要的同时，还要处理好人与自然的关系，尊重自然，顺应自然，保护自然。从环保现状看，影响广大人民群众参与环境保护的是一些非正义现象。从环境资源的特点看，生态环境是社会发展不可或缺的公共资源，一旦被破坏就很难修复，建立配套的充分体现公正公平公开的制度来保护生态环境尤为重要。从西方发达国家环境保护和治理的经验看，环境正义的过程是一个渐进的过程；从现有环境制度的制定路径看，要加快构建公平、公正的环境保护机制。

中国新时代生态文明理论的核心成果习近平生态文明思想从人类文明发展的角度揭示了生态与文明的辩证关系，深刻阐述了生态文明的历史价值。生态环境不仅影响社会生活，而且影响国家的政体甚至世界历史的发展，是人类社会产生和发展的前提。生态环境影响着某些政权或者部族的发展及兴亡。优良的生态环境会促进社会的发展、政权的兴盛；恶劣的生态环境则会带来毁灭性的灾难，即导致政治文明的衰败乃至灭亡。生态环境还会对物质产品的供给产生影响。不同的生态环境下，人们的饮食习惯以及地区的文化发展状况都存在差异。良好的生态环境极大程度上满足了人们的需求，而恶劣的生态环境则会造成物质文明的急剧衰败。人类文明的创造是建立在生态环境基础上的，人类只有理性地对待生态环境才能创造出持续的文明。

当今世界，物质文明高度发达，科学技术日新月异。对于每一个生活在地球上的人而言，在生产生活实践中如何做到尊重自然、顺应自然、保护自然，实现人与自然、环境与经济、人与社会的和谐共生，需要更多的生态智慧。习近平生态文明思想植根于中华文明优秀的传统文化，着眼于实现经济社会可持续发展，充分体现了传统文化的时代价值，引领和推动全社会处理好人与自然的关系、人类长远发展与近期发展的关系。

## 第二节 中国新时代生态文明理论在实践中的历史性变化

中国新时代生态文明理论的核心成果习近平生态文明思想不但具有深厚的理论渊源和历史渊源，而且植根于时代的发展中，是经过实践检验、获得普遍认可的思想武器。其影响既体现在国家战略、国家制度层面，也体现在工作推进、实际操作层面。习近平生态文明思想是新时代生态文明建设强有力的指导思想，我国正朝着把绿色发展理念贯穿于经济社会发展全过程的方向努力，生态环境保护的自觉性和主动性明显提高。全社会正大力推动污染治理，国家出台了一系列的相关制度、法律法规，对生态环境破坏行为的监管力度空前，环境质量改善明显。习近平生态文明思想推动了新时代中国特色社会主义生态文明建设，促进了我国生态文明建设制度化、法治化、规范化。人类文明发展进程中，我国的文明是世界上唯一没有断代的文明，为世界上其他国家提供了可借鉴的经验。

### 一、新时代中国特色社会主义生态文明建设的科学指南

习近平生态文明思想为建成富强民主文明和谐美丽的社会主义现代化强国提供了基本遵循，为新时代中国特色社会主义建设提供了行动指南，为新时代中国特色社会主义生态文明建设提供了科学指引。

党的十八大以来，我国把生态文明建设作为中华民族永续发展的根本大计，将生态文明写入党章和宪法并上升为党的主张和国家意志，提出坚定不移走"生产发展、生活富裕、生态良好"的文明发展道路，加快建设资源节约型、环境友好型社会，推动形成绿色发展方式和生活方式，从战略和全局高度谋划推动了一系列根本性、长远性和开创性工作。习近平生态文明思想对建设美丽中国、决胜全面建成小康社会、实现"两个一百年"奋斗目标、实现中华民族伟大复

兴中国梦，具有十分重要的指导意义。

党的十八大以来，各地各部门把生态文明建设融入经济建设、政治建设、文化建设、社会建设各方面和全过程，生态文明建设成效显著。

融入政治建设，各级政府绿色执政能力显著增强。生态文明是对工业文明的反思和超越，生态文明建设过程中必将触碰各利益主体。各级政府只有具备超越各利益主体之上的政治领导力，才能在政策创新等方面有本质上的突破，才能真正实现生态环境外部成本内部化。此外，生态环境问题如果处置不当，容易引发社会风险，甚至影响政治安全。党的十八大以来，各级政府牢固树立"四个意识"，将生态文明建设放在更加突出位置，打破简单把发展与保护对立起来的思维桎梏，使命感、责任感、紧迫感、自觉性、主动性显著增强，行动更加扎实有力，忽视生态环境的情况明显减少，生态环境保护体制改革不断深化，政策制度、法律法规体系不断完善，督察执法力度逐步加大，治理水平稳步提升。

融入经济建设，协同推进经济高质量发展和生态环境高水平保护。生态文明要求摒弃"人类中心主义"的工业文明价值观念，运用生态理念和绿色技术对"大量生产、大量消耗、大量排放"的工业化模式进行生态化改造，使经济增长与生态环境脱钩。习近平总书记始终倡导并坚持"绿水青山就是金山银山"，始终强调并坚持"山水林田湖是生命共同体"。党的十八大以来，我国布局生产空间、生活空间、生态空间，着力推进供给侧结构性改革，产业结构、能源结构不断优化，绿色产业快速发展。2017 年，服务业对经济增长的贡献率达到60%，以新兴产业为代表的新动能对经济增长的贡献率超过 30%。我国成为世界利用新能源和可再生能源第一大国，在除尘、烟气脱硫、城镇污水处理等领域已具备较强的产业供给能力，全面节约资源有效推进，能源资源消耗量大幅下降。

融入文化建设，崇尚生态文明的风气正在形成。生态文明建设重新审视并超越传统工业文明下的文化价值体系，强调生态价值观念，使中华民族悠久历史中蕴含的生态文明思想、智慧得以传承和升华。党的十八大以来，我国通过各种形式的宣传教育以及组织中国生态文明奖、绿色年度人物评选与表彰等,引导和激励了更多单位和个人主动参与生态文明建设。越来越多的企业认识到生态保护有利于自身长远发展,依法排污治污、保护生态环境的法治意识和主体意识正在形成。生态文明提高国民素质的作用日益显现,全社会关心环保、参与环保、贡献环保力量的行动更加自觉。

融入社会建设,一切为了人民,一切依靠人民。生态文明是人民群众共同参与、建设、享有的事业。习近平总书记多次强调,人民对美好生活的向往就是我党的奋斗目标,坚持良好的生态是最普惠的民生福祉。随着经济社会的快速发展,自然环境遭到人类的破坏。党的十八大以来,我国通过坚决向污染宣战,政府、企业、公众共同发力,解决了人民群众反映强烈的生态问题,生态环境质量持续改善,这为全面建成小康社会奠定了良好的基础。越来越多的民众正享受着天蓝地绿水净的优美生态环境。

把生态文明建设纳入中国特色社会主义事业总体布局是我党对解决人民日益增长的美好生活需要和不平衡不充分的发展之间的矛盾的战略性思考。"这标志着我们对中国特色社会主义规律认识的进一步深化,表明了我们加强生态文明建设的坚定意志和坚强决心。"① 满足人民群众对优美生态环境的需要是生态文明建设的发展方向。

## 二、推动了新时代生态文明治理体系和治理能力现代化建设

生态环境治理是复杂的系统工程,需要综合运用行政、市场、法治、科技等多种手段,构建生态环境治理体系,全方位、全地域、全过程开展生态环境保护工作。生态环境保护工作中,制度建设是重中之重,只有建立起完善的制度体系,在执行过程中严格执法和监管,才能更好地保护生态环境。

生态文明体制的基础性制度建设环节相对薄弱,因此其被列为深化改革

---

① 《习近平谈治国理政》(第一卷),外文出版社,2018,第208页。

的重点，未来有望通过改革创新成为亮点。党的十八大以来，我国坚持用最严格的制度、最严密的法律保护生态环境，着力推进用制度管权治吏、护蓝增绿，审议通过了《生态文明体制改革总体方案》以及 40 多项生态文明建设和生态环境保护方面的改革方案，加强了中央生态环境保护督察和党政领导干部生态环境损害责任追究等方面的制度建设。

党的十八大以来，我国以解决制约生态环境保护的体制机制问题为导向，以强化党委、政府及其有关部门生态环境责任和企业环保守法责任为主线，以改革整合、系统提升生态环境质量为目标，按照源头严防、过程严管、后果严惩的思路，推动构建产权清晰、多元参与、激励约束并重、系统完整的生态文明法律体系，同时强化行政执法与刑事司法衔接，发挥制度和法治的引导、规制等功能，规范各类开发、利用、保护活动，坚决制止和惩处破坏生态环境的行为，让保护者受益、损害者受罚、恶意排污者付出沉重代价，包括自然资源资产产权、国土空间开发保护、空间规划体系、资源总量管理和全面节约、资源有偿使用和生态补偿、环境治理体系、环境治理和生态保护市场体系、生态文明绩效评价考核和责任追究等在内的生态文明"四梁八柱"的制度体系基本形成。

党的十九大报告指出："从现在到二〇二〇年，是全面建成小康社会决胜期。要按照十六大、十七大、十八大提出的全面建成小康社会各项要求，紧扣我国社会主要矛盾变化，统筹推进经济建设、政治建设、文化建设、社会建设、生态文明建设。"[①] 生态文明制度建设是深化生态文明体制改革的重点。我国的生态文明建设一定要做好制度体系化建设工作，为实现生态文明建设目标保驾护航。

---

① 习近平：《决胜全面建成小康社会　夺取新时代中国特色社会主义伟大胜利——在中国共产党第十九次全国代表大会上的报告》，人民出版社，2017，第 27 页。

# 第三节　中国新时代生态文明理论的世界影响

人类的命运是紧紧联系在一起的，环境的破坏会给全世界人民带来灾难。环境建设好了，受益的也是全世界人民。任何一个国家和地区都应该重视环境问题。只有全世界人民携起手来，才能建设一个生态、美丽、绿色的地球。党的十八大以来，坚持推动构建人类命运共同体，体现了习近平生态文明思想的世界价值，我国不仅为全球生态治理和环境保护作出了中国榜样，也为共同推进世界生态文明建设贡献了中国力量，提供了中国智慧和中国方案。

## 一、进一步丰富了全球生态环境治理的绿色发展理念

20世纪80年代以来，联合国世界环境和发展委员会提出了可持续发展战略，从《联合国人类环境会议宣言》《我们共同的未来》《增长的极限》到《21世纪议程》，再到2015年的《2030年可持续发展议程》，这一系列重要文件凝聚了全球共识。人类应在经济社会发展的过程中不断反思人类与自然的关系，思考如何实现发展经济与保护环境相统一，如何实施可持续发展战略。

当今世界，以绿色经济、低碳经济为代表的新一轮产业转型和科技创新方兴未艾，通过产业升级和高科技的发展来保护生态环境、实现绿色发展已经成为各国经济社会发展的重中之重。中国作为负责任的大国，正积极参与生态环境保护和治理的国际合作，打造绿色环保"朋友圈"。我国淘汰了大量消耗臭氧层的物质，淘汰总量在发展中国家中居首位，占发展中国家总量的50%以上，有效地保护了臭氧层，是全球臭氧层保护贡献最大的国家。《中国落实2030年可持续发展议程国别方案》在各国方案中最先发布，推动了《巴黎协定》的签署生效。生态文明理念被正式写入联合国环境规划署第27次理事会决议案。2016年，第二届联合国环境大会召开，联合国环境规划署专门发布了《绿水青山就是金山银山：中国生态文明战略与行动》报告，中国的生态文明建设对世

界生态文明的发展产生了深远影响。2017 年，中国同联合国环境规划署等国际机构共同发起建立"一带一路"绿色发展国际联盟，开展面向发展中国家的环境与发展援助，构建南南环境合作网络。"人类命运共同体"理念和"一带一路"倡议得到国际社会的普遍认同和积极支持。习近平生态文明思想作为可持续发展的中国方案和理念，正逐渐"走出去"，为全球可持续发展贡献了中国理念、中国智慧、中国方案，具有重要的世界意义和价值。中国致力于生态文明建设、为世界生态文明发展贡献力量的初衷不会改变。

习近平总书记结合我国国情，总结了国际社会可持续发展以及绿色发展中关于经济发展、社会进步和环境保护的实践经验，将我们党的经济社会发展的总体布局从"四位一体"上升到"五位一体"，强调了生态文明建设在国家战略中的重要地位和作用，并提出全球生态文明建设的必要性、重要性和紧迫性。这是对全球治理理念的重要贡献，进一步推动了全球生态文明建设的发展，为发展中国家提供了可借鉴的道路和经验。

中国新时代生态文明理论的核心成果习近平生态文明思想是全球大国治国理政实践的重要成果，清醒把握和全面统筹解决全球性环境问题，积极倡导共谋全球生态文明建设，深化和丰富了世界可持续发展理论及最新理念，为后发国家避免传统发展路径的依赖和锁定效应提供了可借鉴的模式和经验。

习近平生态文明思想中关于全球治理和国际合作、构建人类命运共同体等的重要论述，是正确把握当代发展中国家发展态势基础上提出的中国责任、中国担当和中国智慧。发展中国家整体实力增强，在世界上的地位和作用日益突出。强调发展中国家的责任和义务更加有利于推动发展中国家在国际事务中发挥重要作用，为进一步构建合理、有序的国际政治经济新秩序作出贡献。建设全球生态文明，需要全世界的国家和地区在更深层次和更广范围内达成共识，共同为实现全球更好的自然生态发展而奋斗。每一个国家的自然生态环境都不是孤立的，国与国之间相互影响。因此，全世界采取一致行动，对每一个国家和全球而言都是有利的。习近平生态文明思想表明了中国的立场和担当，中国在持续思考、探索、推动人类命运共同体构建和全球生态文明建设。对如何推动全球生态治理，我们正在进行积极的探索和尝试。全世界将会在生态文明建设领域达成更多的共识，采取更广泛的一致行动，建设更美好的世界。

## 二、为人类文明的发展贡献了中国智慧和中国方案

生态文明建设既是新时代中国特色社会主义建设的重要内容，也是全面建成小康社会、建成富强民主文明和谐美丽的社会主义现代化强国的重要内容，是强大的实践武器，同时也是党的意志、国家意志和人民意志的集中体现。

我们要用习近平生态文明思想武装头脑、指导实践、推动工作，全面加强党对生态环境保护的领导，通过牢固树立生态价值观念大力推进绿色发展、着力解决突出环境问题、加大生态保护与修复力度、改革生态环境监管体制等；通过生态文明教育构建起以生态价值观念为准则的生态文化体系，实现产业和生态的完美融合，改善生态环境质量，实现国家治理体系和治理能力现代化，确保到 21 世纪中叶建成富强民主文明和谐美丽的社会主义现代化强国，实现美丽中国梦。

### 1. 以习近平生态文明思想为打好污染防治攻坚战的指导思想

我国经济正面临转型，要实现高速增长向高质量发展转型。但是，就目前发展情况而言，新型工业化、城镇化、农业现代化尚未完成，相比一些发达国家，我国的经济发展水平较低，收入水平也较低，仍需解决多领域、多类型、多层面累积叠加的生态环境问题。党的十九大作出了坚决打好污染防治攻坚战的重大决策部署，为决胜全面建成小康社会，建设美丽中国奠定了基础。打好污染防治攻坚战对于我国来说是一项重大且艰巨的任务。我们应将"全面加强党对生态环境保护的领导"作为构建以改善生态环境质量为核心的目标责任体系的核心内容，加快构建生态文明体系，细化实化政策措施；将生态环境保护落到实处，形成良好的生态环境保护氛围，全力打好污染防治攻坚战。

### 2. 从思想观念入手，树立绿色发展理念

我们每一个人都是自然生态环境的守护者。生态环境保护需要我们每一个人积极参与。同时，我们也是良好生态环境的受益者，自然生态环境好了，人们的生活质量也能得到提升。思想是行动的先导，我们要深入学习习近平生态文明思想，深刻领会"生态兴则文明兴""人与自然和谐共生"等生态理念，持续深化对生态文明建设的规律性认识和科学性把握。

绿色、循环、低碳的发展方式既是我国新时代中国特色社会主义建设的主旋律，又是解决污染问题的根本大计。只有从源头治理污染、减少污染，生态环境质量才能明显提升。目前，我国经济发展和生态环境保护的矛盾仍然突出，第三产业的比重有所上升，但第二产业的比重仍然居高不下，高科技产业的比重不高，能源方面依赖煤的情况仍然明显。污染物排放量不断增加的情况仍然没有得到改善，自然资源环境的承载能力达到极限，经济发展受到资源环境的制约。

"绿水青山就是金山银山"是我国新时代中国特色社会主义生态文明建设的重要发展理念，是对实践经验的深刻总结，对我国的生态文明建设实践具有指导作用。我们既要讲投入，又要谋求发展和保护；既要讲利用自然资源，又要注重修复自然生态环境。总之，我国要在实践中严守生态保护红线、环境质量底线和资源利用上线，始终贯彻执行好这三线，重点抓好"调结构、优布局、强产业、全链条"，加快形成节约资源和保护环境的空间格局、产业结构、生产方式和生活方式。

### 3. 贯彻生命共同体思想，加大生态保护与修复力度

新中国成立以来，尤其是改革开放以来，我国经济快速发展，与此同时，自然环境遭到一定程度的破坏，大气污染、水体污染、土壤污染等环境问题已经严重影响人民的日常生产生活，必须解决好这些问题，让广大人民群众过上真正健康幸福的生活；要坚持"良好的生态环境是最普惠的民生福祉"这一基本原则，把人民利益放在首位。这表明要下大力气解决好危害群众健康的生态

环境问题，要坚决打好蓝天、碧水、净土保卫战，做好水源地保护、城市黑臭水体治理、长江保护修复、渤海综合治理、农业农村污染治理等工作。2018 年起，我国实施了"禁废令"，禁止洋垃圾入境，2019 年，我国实行部分城市垃圾分类先行示范。这些都是保证人民生活在一个舒适、干净、安全、无污染环境的重要举措。

生态保护和污染防治密不可分、相互作用。习近平总书记提出山水林田湖是生命共同体的思想，指出要着重从系统性、整体性思维入手，构建生态环境良性发展和风险有效控制的生态安全体系。建设以国家公园为主的自然保护体系是我国在自然生态环境保护方向迈出的坚实步伐，国家公园的规范建设有利于促进我国生态文明建设。生态系统的整体性修复，只有坚持区域统筹和综合治理相结合，才能构建具有自维持、自调节功能的良性生态循环体系。

21 世纪，在中国新时代生态文明理论的核心成果习近平生态文明思想的指导下，我国为实现建成富强民主文明和谐美丽的社会主义现代化强国的战略目标而奋斗，积极保护自然资源和生态环境，防范生态风险，积极应对生态环境恶化带来的风险和挑战，为全球生态文明建设贡献中国力量。

# 主要参考文献

## 著作类

1.《马克思恩格斯全集》（第二十三卷），人民出版社，1972。

2.《马克思恩格斯全集》（第四十二卷），人民出版社，1979。

3.《马克思恩格斯全集》（第四十七卷），人民出版社，1979。

4.《马克思恩格斯文集》（第一卷），人民出版社，2009。

5.《马克思恩格斯文集》（第二卷），人民出版社，2009。

6.《马克思恩格斯文集》（第三卷），人民出版社，2009。

7.《毛泽东文集》（第七卷），人民出版社，1999。

8.《毛泽东文集》（第八卷），人民出版社，1999。

9. 中共中央文献研究室编:《邓小平年谱（1975—1997）》，中央文献出版社，2004。

10.《江泽民文选》（第一卷），人民出版社，2006。

11.《江泽民文选》（第二卷），人民出版社，2006。

12.《江泽民文选》（第三卷），人民出版社，2006。

13.《胡锦涛文选》（第二卷），人民出版社，2016。

14.《胡锦涛文选》（第三卷），人民出版社，2016。

15.《习近平谈治国理政》（第一卷），外文出版社，2018。

16.《习近平谈治国理政》（第二卷），外文出版社，2017。

17.《习近平谈治国理政》（第三卷），外文出版社，2020。

18.《习近平谈治国理政》(第四卷),外文出版社,2022。

19. 中共中央文献研究室编:《习近平关于社会主义生态文明建设论述摘编》,中央文献出版社,2017。

20. 中共中央宣传部、中华人民共和国生态环境部编:《习近平生态文明思想学习纲要》,学习出版社、人民出版社,2022。

21. 习近平:《高举中国特色社会主义伟大旗帜　为全面建设社会主义现代化国家而奋斗——在中国共产党第二十次全国代表大会上的报告》,人民出版社,2022。

22. 习近平:《论坚持推动构建人类命运共同体》,中央文献出版社,2018。

23. 中共中央文献研究室编:《十六大以来重要文献选编》(中),中央文献出版社,2006。

24.《中国共产党第十七次全国代表大会文件汇编》,人民出版社,2007。

25.《中国共产党第十八次全国代表大会文件汇编》,人民出版社,2012。

26.《中国共产党第十九次全国代表大会文件汇编》,人民出版社,2017。

27. 国家环境保护总局、中共中央文献研究室编:《新时期环境保护重要文献选编》,中央文献出版社、中国环境科学出版社,2001。

28. 中共中央宣传部编:《习近平总书记系列重要讲话读本》,学习出版社、人民出版社,2014。

29. 黎祖交主编:《生态文明关键词》,中国林业出版社,2018。

30. 黄承梁、余谋昌:《生态文明:人类社会全面转型》,中共中央党校出版社,2010。

31. 佘正荣:《生态智慧论》,中国社会科学出版社,1996。

32. 郇庆治、高兴武、仲亚东:《绿色发展与生态文明建设》,湖南人民出版社,2013。

33. 卢风等:《生态文明新论》,中国科学技术出版社,2013。

34. 余谋昌:《生态文明论》,中央编译出版社,2010。

35. 刘思华：《生态马克思主义经济学原理》，人民出版社，2006。

36. 陈学明：《生态文明论》，重庆出版社，2008。

37. 沈立江、马力宏：《生态文明与转型升级》，社会科学文献出版社，2011。

38. 李秀林、王于、李淮春：《辩证唯物主义和历史唯物主义原理》，中国人民大学出版社，1982。

39. 姬振海：《生态文明论》，人民出版社，2007。

40. 世界环境与发展委员会：《我们共同的未来》，王之佳、柯金良等译，吉林人民出版社，1997。

41. 姜春云主编：《偿还生态欠债——人与自然和谐探索》，新华出版社，2007.

42. 姜春云主编：《拯救地球生物圈：论人类文明转型》，新华出版社，2012.

43. 潘岳主编：《绿色中国文集》，中国环境科学出版社，2006。

44. 国家林业局编：《中国的绿色增长——党的十六大以来中国林业的发展》，中国林业出版社，2012。

45. 李培林、陈光金、王春光主编：《2023年中国社会形势分析与预测》，社会科学文献出版社，2022。

46. 牛文元主编：《中国新型城市化报告》，科学出版社，2013。

47. 诸大建主编：《生态文明与绿色发展》，上海人民出版社，2008。

48. 严耕、王景福主编：《中国生态文明建设》，国家行政学院出版社，2013。

49. 贾治邦：《论生态文明》，中国林业出版社，2014。

50. 余正荣：《中国生态伦理传统的诠释与重建》，人民出版社，2002。

51. 贾华强主编：《循环经济学概论》，中共中央党校出版社，2008。

52. 刘宗超：《生态文明观与中国可持续发展走向》，中国科学技术出版社，

1997。

53. 徐嵩龄主编：《环境伦理学进展：评论与阐释》，社会科学文献出版社，1999。

54. 陈秋平、尚荣译注：《金刚经·心经·坛经》，中华书局，2007。

55. 李培超：《自然的伦理尊严》，江西人民出版社，2001。

56. 张坤民主笔：《可持续发展论》，中国环境科学出版社，1997。

57. 贾卫列、刘宗超：《生态文明观：理念与转折》，厦门大学出版社，2010。

58.《气候变化国家评估报告》编写委员会编：《气候变化国家评估报告》，科学出版社，2007。

59. 中华人民共和国国务院新闻办公室发布：《中国的环境保护（1996—2005）》，人民出版社，2006。

60. 人民论坛杂志主编：《世界大趋势与未来10年中国面临的挑战》，中国长安出版社，2010。

61. 葛剑雄：《中国人口史》，复旦大学出版社，2000。

62. 沈满洪：《环境经济手段研究》，中国环境科学出版社，2001。

63. 孙儒泳编著：《动物生态学原理》，北京师范大学出版社，1987。

64. 郑通汉：《中国水危机——制度分析与对策》，中国水利水电出版社，2006。

65. 祝黄河：《科学发展观与当代中国社会发展实践》，人民出版社，2008。

66. 王诺：《欧美生态批评：生态文学研究概论》，学林出版社，2008。

67. 祝怀新主编：《环境教育的理论与实践》，中国环境科学出版社，2005。

68.《中国21世纪议程——中国21世纪人口、环境与发展白皮书》，中国环境科学出版社，1994。

69. 刘湘溶：《生态文明论》，湖南教育出版社，1999。

70. 余谋昌：《生态哲学》，陕西人民教育出版社，2000。

71. 吕忠梅 :《环境法新视野》,中国政法大学出版社,2000。

72. 俞可平等:《中国公民社会的兴起与治理的变迁》,社会科学文献出版社,2002。

73. 叶平 :《回归自然 : 新世纪的生态伦理》,福建人民出版社,2004。

74. 万劲波、赖章盛编著:《生态文明时代的环境法治与伦理》,化学工业出版社,2007。

75. 中国现代化战略研究课题组、中国科学院中国现代化研究中心编 :《中国现代化报告 2007——生态现代化研究》,北京大学出版社,2007。

76. 蔡守秋 :《人与自然关系中的伦理与法》,湖南大学出版社,2009。

77. 中国工程院、环境保护部编 :《中国环境宏观战略研究 : 综合报告卷》,中国环境科学出版社,2011。

78. 曲格平、彭进新主编 :《环境觉醒——人类环境会议和中国第一次环境保护会议》,中国环境科学出版社,2010。

79. 黄国勤 :《生态文明建设的实践与探索》,中国环境科学出版社,2009。

80. 严耕、杨志华 :《生态文明的理论与系统建构》,中央编译出版社,2009。

81. 卢风 :《从现代文明到生态文明》,中央编译出版社,2009。

82. 严耕、林震、杨志华主编 :《生态文明理论构建与文化资源》,中央编译出版社,2009。

83. 车纯滨编著 :《生态文明建设的实践——山东生态省建设》,中国环境科学出版社,2009。

84. 张颢瀚主编 :《绿色发展之路——来自盐城的实践探索》,中国社会科学出版社,2015。

85. 张孝德 :《生态文明立国论——唤醒中国走向生态文明的主体意识》,河北人民出版社,2014。

86. 杜明娥、杨英姿:《生态文明与生态现代化建设模式研究》,人民出版社,

2013。

87. 李娟：《中国特色社会主义生态文明建设研究》，经济科学出版社，2013。

88. 于晓雷等编著：《中国特色社会主义生态文明建设：人与自然高度和谐的生态文明发展之路》，中共中央党校出版社，2013。

89. 傅治平：《生态文明建设导论》，国家行政学院出版社，2008。

90. 王明初、杨英姿：《社会主义生态文明建设的理论与实践》，人民出版社，2011。

91. 贾卫列、杨永岗、朱明双等：《生态文明建设概论》，中央编译出版社，2013。

92. 赵建军：《我国生态文明建设的理论创新与实践探索》，宁波出版社，2017。

93. 萨拉·萨卡：《生态社会主义还是生态资本主义》，张淑兰译，山东大学出版社，2008。

94. 威廉·莱斯：《自然的控制》，岳长龄、李建华译，重庆出版社，1993。

95.A. 施密特：《马克思的自然概念》，欧力同、吴仲昉译，商务印书馆，1988。

96. 马克思·韦伯：《新教伦理与资本主义精神》，于晓、陈维纲等译，生活·读书·新知三联书店，1987。

97. 尤尔根·哈贝马斯：《重建历史唯物主义》，郭官义译，社会科学文献出版社，2000。

98 汉斯·萨克塞：《生态哲学》，文韬、佩云译，东方出版社，1991。

99. 埃德蒙德·胡塞尔：《欧洲科学危机和超验现象学》，张庆熊译，上海译文出版社，1988。

100. 布鲁诺·雅科米：《技术史》，蔓莙译，北京大学出版社，2000。

101. 塞尔日·莫斯科维奇：《还自然之魅——对生态运动的思考》，庄晨燕、邱寅晨译，生活·读书·新知三联书店，2005。

102. 彼德·S. 温茨：《环境正义论》，朱丹琼、宋玉波译，上海人民出版社，2007。

103. 约翰·贝拉米·福斯特：《马克思的生态学——唯物主义与自然》，刘仁胜、肖峰译，高等教育出版社，2006。

104. 蕾切尔·卡森：《寂静的春天》，吕瑞兰、李长生译，吉林人民出版社，1997。

105. 本·阿格尔：《西方马克思主义概论》，慎之等译，中国人民大学出版社，1991。

106. 菲利普·克莱顿、贾斯廷·海因泽克：《有机马克思主义：生态灾难与资本主义的替代选择》，孟献丽、于桂凤、张丽霞译，人民出版社，2015。

107. 赫尔曼·E. 戴利：《超越增长：可持续发展的经济学》，诸大建、胡圣等译，上海译文出版社，2001。

108. 莱斯特·R. 布朗：《地球不堪重负——水位下降、气温上升时代的食物安全挑战》，林自新、暴永宁等译，东方出版社，2005。

109. 安德鲁·芬伯格：《技术批判理论》，韩连庆、曹观法译，北京大学出版社，2005。

110. 大卫·格里芬编：《后现代科学——科学魅力的再现》，马季方译，中央编译出版社，1995。

111. 阿列克斯·卡利尼科斯：《反资本主义宣言》，罗汉、孙宁、黄悦译，上海译文出版社，2005。

112. 约翰·罗尔斯：《正义论》，何怀宏等译，中国社会科学出版社，1988。

113. 诺曼·迈尔斯：《最终的安全——政治稳定的环境基础》，王正平、金辉译，上海译文出版社，2001。

114. 施里达斯·拉夫尔：《我们的家园——地球——为生存而结为伙伴关系》，夏堃堡等译，中国环境科学出版社，1993。

115. 迈克尔·T. 克莱尔:《资源战争:全球冲突的新场景》,童新耕、之也译,上海译文出版社,2002。

116. 沃克特等:《生态系统——平衡与管理的科学》,欧阳华等译,科学出版社,2002。

117. 查伦·斯普特雷奈克:《真实之复兴:极度现代的世界中的身体、自然和地方》,张妮妮译,中央编译出版社,2001。

118. 丹尼尔·A. 科尔曼:《生态政治:建设一个绿色社会》,梅俊杰译,上海译文出版社,2002。

119. 詹姆斯·奥康纳:《自然的理由——生态学马克思主义研究》,唐正东、臧佩洪译,南京大学出版社,2003。

120.E. 马尔特比等编著:《生态系统管理——科学与社会问题》,康乐等译,科学出版社,2003。

121. 戴维·佩珀:《生态社会主义:从深生态学到社会正义》,刘颖译,山东大学出版社,2005。

122.Yifei Li, Judith Shapiro, *China Goes Green : Coercive Environmentalism for a Troubled Planet*, Cambridge : Polity Press, 2020.

123.Andrew Dobson, *Citizenship and the Environment*, Oxford : Oxford University Press, 2006.

124.Reiner Grundmann, *Marxism and Ecology*, Oxford : Oxford University Press, 1991.

125.Murray Bookchin, *Which Way for the Ecology Movement ?*, San Francisco : AK Press, 1994.

126.Paul Burkett, *Marx and Nature : A Red and Green Perspective*, New York : St.Martin's Press, 1999.

127.Robert Garner, *Environmental Politics : Britain, Europe and Global Environment*, New York : St.Martin's Press, 2000.

128.Roy Morrison，*Ecological Democracy*，Boston：South End Press，1995.

129.Sandra Moog，Rob Stones，*Nature*，*Social Relations and Human Needs*：*Essays in Honour of Ted Benton*，London：Palgrave Macmillan，2009.

## 论文类

1. 郇庆治：《习近平生态文明思想的理论与实践意义》，《马克思主义理论学科研究》2022 年第 3 期。

2. 孙金龙：《习近平生态文明思想是生态文明建设标志性、创新性、战略性重大理论成果》，《环境与可持续发展》2022 年第 1 期。

3. 王雨辰：《论习近平生态文明思想对人类生态文明思想的革命》，《马克思主义理论学科研究》2022 年第 3 期。

4. 王宇杰、张铁军：《习近平生态文明思想原创性贡献分析——基于马克思主义中国化"两个结合"的思考》，《青海环境》2023 年第 2 期。

5. 刘湘溶：《十九大报告对生态文明思想的创新》，《理论视野》2018 第 2 期。

6. 方世南：《建设人与自然和谐共生的现代化》，《理论视野》2018 年第 2 期。

7. 吴舜泽：《试论习近平生态文明思想的系统整体性、逻辑结构性、发展演进性、哲学突破性与实践贯通性》，《环境与可持续发展》2019 年第 6 期。

8. 田启波：《习近平生态文明思想的世界意义》，《北京大学学报（哲学社会科学版）》2021 年第 3 期。

9. 秦书生、王艳燕：《建立和完善中国特色的环境治理体系体制机制》，《西南大学学报（社会科学版）》2019 年第 2 期。

10. 华启和、陈冬仿：《中国生态文明建设话语体系的历史演进》，《河南社会科学》2019 年第 6 期。

11. 刘同舫：《构建人类命运共同体对历史唯物主义的原创性贡献》，《中国社会科学》2018 年第 7 期。

12. 郇庆治：《论习近平生态文明思想的制度维度》，《行政论坛》2023 年第

4 期。

13. 陈学明：《"生态马克思主义"对于我们建设生态文明的启示》，《复旦学报（社会科学版）》2008 年第 4 期。

14. 秦书生、胡楠：《美丽中国建设的内涵分析与实践要求——关于习近平美丽中国建设重要论述的思辨》，《环境保护》2018 年第 10 期。

15. 佘正荣：《生态文化教养：创建生态文明所必需的国民素质》，《南京林业大学学报（人文社会科学版）》2008 年第 3 期。

16. 王雨辰、汪希贤：《论习近平生态文明思想的内在逻辑及当代价值》，《长白学刊》2018 年第 6 期。

17. 刘建荣：《习近平生态文明思想的价值意蕴与实践》，《行政科学论坛》2023 年第 4 期。

18. 张云飞：《习近平生态文明思想的历史生成逻辑》，《南海学刊》2018 年第4 期。

19. 赵建军：《重塑自然的人文价值——2018 中国生态主义评析》，《人民论坛》2019 年第 2 期。

20. 李宏伟、宁悦：《习近平生态文明思想的内在逻辑及原创性贡献》，《新疆师范大学学报（哲学社会科学版）》2023 年第 1 期。

21. 刘海霞、王宗礼：《习近平生态思想探析》，《贵州社会科学》2015年第 3 期。

22. 唐小芹：《论习近平生态文明思想的时代意义》，《中南林业科技大学学报（社会科学版）》2015年第 6 期。

23. 李琳、曾建平：《论习近平生态文明思想的伦理旨归》，《江西师范大学学报（哲学社会科学版）》2018 年第 6 期。

24. 张云飞、王凡：《最严格的生态环境保护制度》，《绿色中国》2018年第 15 期。

25. 郇庆治、鞠昌华、华启和：《社会主义生态文明建设调研笔谈》，《理论与评论》2018 年第 4 期。

26. 周光迅、杨梦芸：《习近平生态文明思想的世界价值》，《治理研究》

2019 年第 1 期。

27. 孙金龙、黄润秋：《以习近平生态文明思想为指导建设人与自然和谐共生的美丽中国》，《环境与可持续发展》2022 年第 2 期。

28. 解保军：《社会主义与生态学的联姻如何可能？——詹姆斯·奥康纳的生态社会主义理论探析》，《马克思主义与现实》2011 年第 5 期。

29. 陈孝兵：《生态文明：科学发展的时代强音——解读党的十八大报告的理论自觉》，《当代经济研究》2013 年第 2 期。

30. 李干杰：《以习近平生态文明思想为指导　坚决打好污染防治攻坚战》，《行政管理改革》2018 年第 11 期。

31. 赵成：《马克思的生态思想及其对我国生态文明建设的启示》，《马克思主义与现实》2009 年第 2 期。

32. 龚万达、刘祖云：《从马克思的生态内因论看中国生态文明建设——对中共十八大报告中生态文明建设的理论解读》，《四川师范大学学报（社会科学版）》2013 年第 1 期。

33. 董振华、高芝兰：《马克思的生态思想与生态文明建设》，《湖南行政学院学报》2013 年第 2 期。

34. 栾淳钰：《习近平新时代中国特色社会主义思想的"生态关怀"》，《长白学刊》2018 年第 6 期。

35. 白煜：《论生态文明与马克思主义"生态化"》，《河海大学学报（哲学社会科学版）》2013 年第 1 期。

36. 蒋常香、王薇、杨志其：《毛泽东生态文明思想的当代解读》，《江西师范大学学报（哲学社会科学版）》2017 年第 6 期。

37. 沈满洪、谢慧明：《生态经济化的实证与规范分析——以嘉兴市排污权有偿使用案为例》，《中国地质大学学报（社会科学版）》2010 年第 6 期。

38. 钟茂初：《"可持续发展"的意涵、误区与生态文明之关系》，《学术月刊》2008 年第 7 期。

39. 刘经纬、吕莉媛:《习近平生态文明思想演进及其规律探析》,《行政论坛》2018 年第 2 期。

40. 曹孟勤:《人是与自然界的本质统———质疑"人是自然的一部分"和"自然是人的一部分"》,《自然辩证法研究》2006 年第 9 期。

41. 宋言奇:《生态文明建设的内涵、意义及其路径》,《南通大学学报（社会科学版）》2008 年第 4 期。

42. 谷树忠、胡咏君、周洪:《生态文明建设的科学内涵与基本路径》,《资源科学》2013 年第 1 期。

43. 田启波:《习近平新时代人民主体思想的理论特征》,《贵州社会科学》2018 年第 1 期。

44. 沈满洪:《习近平生态文明思想研究——从"两山"重要思想到生态文明思想体系》,《治理研究》2018 年第 2 期。

45. 顾海良:《"社会生产力总体跃升"的新思想——学习习近平总书记系列重要讲话体会之七十七》,《前线》2015 年第 3 期。

46. 赵成:《论生态生产力的理论内涵及其发展要求》,《辽宁师范大学学报（社会科学版）》2016 年第 1 期。

47. 黄顺基:《建设生态文明的战略思考——论生态化生产方式》,《教学与研究》2007 年第 11 期。

48. 束洪福:《论生态文明建设的意义与对策》,《中国特色社会主义研究》2008 年第 4 期。

49. 陈家刚:《生态文明与协商民主》,《当代世界与社会主义》2006 年第 2 期。

50. 杜宇:《建立有利于生态文明建设的生态科技》,《北方经济》2009 年第 1 期。

51. 肖显静:《建设社会主义生态文明需要新的科学革命》,《中国党政干部论坛》2013 年第 1 期。

52. 王健:《论建设生态文明的技术创新路径》,《理论前沿》2007 年第 24 期。

53. 孙佑海:《生态文明建设需要法治的推进》,《中国地质大学学报（社会科学版)》2013 年第 1 期。

54.夏光 :《生态文明与制度创新》,《理论视野》2013 年第 1 期。

55.何华征、冯经纶:《谈生态文明建设的几个误区》,《北京林业大学学报（社会科学版)》2013 年第 1 期。

56.华启和 :《邻避冲突的环境正义考量》,《中州学刊》2014年第 10 期。

57.杜明娥 :《试论生态文明与现代化的耦合关系》,《马克思主义与现实》2012 年第 1 期。

58.田启波 :《生态文明的四重维度》,《学术研究》2016年第 5 期。

59.蔡冬梅 :《我国传统文化中的生态思想及其当代价值》,《科学社会主义》2009 年第 5 期。

60.胡洪彬 :《改革开放 30 年中国共产党生态环境建设思想述论》,《西南交通大学学报（社会科学版)》2009 年第 2 期。

61.蔡小慎、贺利军 :《试论我国政府诚信危机及其化解对策》,《求实》2004 年第 3 期。

62.曹新 :《论制度文明与生态文明》,《社会科学辑刊》2002年第 2 期。

63.曹明德 :《关于修改我国〈环境保护法〉的若干思考》,《中国人民大学学报》2005年第 1 期。

64.郇庆治 :《生态文明创建的绿色发展路径 :以江西为例》,《鄱阳湖学刊》2017 年第 1 期。

65.刘克稳、刘峰江:《深度解读十八大报告关于生态文明建设的全新构想》,《乐山师范学院学报》2013 年第 1 期。

66.铁燕、文传浩、王殿颖 :《改革开放以来中国共产党生态文明执政方略演进》,《甘肃社会科学》2010 年第 3 期。

67.葛悦华 :《关于生态文明及生态文明建设研究综述》,《理论与现代化》2008 年第 4 期。

68.刘静 :《中国古代生态思想探析》,《中共四川省委省级机关党校学报》

2010 年第 2 期。

69. 杨卫军：《从"人定胜天"到"美丽中国"——中国共产党生态文明思想探要》，《河南农业》2013 年第 2 期。

70. 潘岳：《以生态文明推动构建人类命运共同体》，《人民论坛》2018 年第 30 期。

71. 李良美：《生态文明的科学内涵及其理论意义》，《毛泽东邓小平理论研究》2005 年第 2 期。

72. 钱燕：《论江泽民环境保护思想》，《特区经济》2007 年第 9 期。

73. 巴志鹏：《中国共产党生态文明思想的理论渊源和形成过程》，《河南社会科学》2008 年第 2 期。

74. 华启和：《习近平新时代中国特色社会主义生态文明建设话语体系图景》，《湖南社会科学》2018 年第 6 期。

75. 包鑫、华启和：《全球视域下习近平生态文明思想的理论阐释及其实践进路》，《天津市社会主义学院学报》2023 年第 2 期。

76. 王鹏伟、贺兰英：《基于共同体理念的习近平生态文明思想研究》，《鄱阳湖学刊》2023 年第 3 期。

77. 吕锦芳：《习近平生态文明思想的逻辑分析》，博士学位论文，东北大学，2018。

78. 李妍欣：《习近平生态文明思想与生态马克思主义比较研究》，硕士学位论文，东北电力大学，2021。

79. 韩晓浮：《习近平生态文明思想的哲学基础研究》，硕士学位论文，哈尔滨师范大学，2020。

80. 段正国：《习近平对马克思主义生态文明思想新贡献研究》，硕士学位论文，江西师范大学，2020。

81. 王露：《习近平生态文明思想研究》，硕士学位论文，四川师范大学，2021。

82. 郑跃林：《习近平生态文明思想及实践路径研究》，硕士学位论文，大理大学，2021。

83. 吴怡飞：《唯物史观视域下习近平生态文明思想研究》，硕士学位论文，西北民族大学，2023。

84.Arthur Hanson，"Ecological Civilization in the People's Republic of China：Values，Action，and Future Needs，" ADB East Working Paper Series，2019（21）.

85.John Bellamy Foster，"Ecological Civilization，Ecological Revolution：An Ecological Marxist Perspective，" Monthly Review，2022，74（5）.

86.Kang Hou，Xuxiang Li，Jingjing Wang，"An Analysis of the Impact on Land Use and Ecological Vulnerability of the Policy of Returning Farmland to Forest in Yan'an，China，" Environmental Science and Pollution Research，2016，23（5）.

87.Jason DeJong，Mark Tibbett，Andy Fourie，"Geotechnical Systems that Evolve with Ecological Processes，" Environmental Earth Sciences，2015，73（3）.

88.David Koweek，Robert B Dunbar，Justin S Rogers，"Environmental and Ecological Controls of Coral Community Metabolism on Palmyra Atoll，" Coral Reefs，2015，34（1）.